Try not to become a man of success, but rather try to become a man of value.
−Albert Einstein (1879−1955)

不一定要努力成为一个成功的人，但是一定要努力成为一个有价值的人。

——科学家 阿尔伯特·爱因斯坦

让别人赢

弱者拆台,强者补台,
智者搭台

Sunny Huang
黄冠华 —— 著

SPM 南方传媒 | 广东人民出版社
·广州·

自序

从第一本书《观念》出版之后,我就打算筹划第二本书,结果在2020年初因为新冠肺炎疫情的暴发而调整了计划,刚好把在疫情中获得的种种心得一并收纳进来。尤其是旭荣集团的同人在全球各据点、办公室兢兢业业、恪尽职守,贡献所长,真的是公司能生存并持续创造价值的关键所在。

累积了这几年在《商业周刊》发表过的专栏文章后,我原来想以"观念二"作为第二本书的书名,但《商业周刊》出版部的总编辑提出的建议很中肯:或许你所有的文章,可以用一个主题来贯穿。我想了很久,后来想到我所有的专栏文章中,被网络传阅最广的一篇,谈的就是"让别人赢",甚至连岳母参加的社会大学老年歌唱班的群组成员都听说过这篇文章!后来我决定就用"让别人赢"作为这本书的书名,因为这体现了我为人处世的中心思想。为什么要"让别人赢"?因为唯有真心利他,才能真正利己!

在"思维转换篇",分享的是我个人在处世修炼过程中的心得与体会。这要再次感谢金惟纯老师,这几年间,金老师不只影响了我个人,更透过"活学"课程,协助我把这些智慧带入企业,协助海峡两岸的集团同人们活得更好,活得更有价值。

这六年来最大的事件,我想非新冠肺炎疫情莫属。从 2019 年末直到现在,经过了三年的时间,从疫情迅猛暴发、一夕间改变我们的生活,到现在与疫情共处,这段时间,我身处的纺织业供应链虽然受到很大的挑战,但是经营绩效还是不断创造新高。在"经营管理篇",我主要谈到纺织业的跨境经营管理,尤其是这次面对疫情的冲击和调整。从大陆地区的快速应变,到全球供应链面对疫情带来的产业及生活的再进化,我们走了过来,也创造了新局面。

在"天使投资"的领域,从大陆引进两岸最大创业者社群平台 WorkFace,并成立台湾地区最大的创业者社群平台 WorkFace Taipei 后,在 2017 年与伙伴们进一步创立的"识富天使会",也在短短几年间成长为台湾最具规模和影响力的天使投资社群,为台湾的创新领域创造出无限的可能性并且实现与大陆联结共创!累积多年的心得,我整理成"天使投资篇",希望能对有意创业及创新圈的伙伴有所帮助。

最后的"为人父母篇",是一个比较特别的章节。很多人不知道我除了写管理文章之外,同时也写了很多亲子文章。受疫情影响,我已超过两年没有出差,因此多了很多和家人相处的时间。有这么一大段时间能和孩子在一起，在这艰难的世道中，也算是另一种收获，同时让自己有一个静下来的机会，从个人、事业、家庭等角度，重新检视人生的方方面面，也借这个机会，敲定了本书的出版计划。

我分以上四类来呈现我想表达的内容，并且邀请了五位亦师亦友的至亲好友为书作序。

首先，商周集团荣誉创办人金惟纯老师是我人生的修炼导师，能邀请到他为我作序，我感到十分荣幸并备受鼓舞。

这本书的内容大部分取自我在《商业周刊》专栏的文章，而商周集团CEO郭奕伶是当时邀请我的关键人物。商周集团在郭奕伶的带领下，进行了大刀阔斧的变革，我和他也共同参与了很多的学习活动与项目，亦师亦友，相互切磋，是以邀请郭奕伶为我作序。

YouTube创办人陈士骏（Steve Chen）是我的好友，他获得了中国台湾发放的"就业金卡"，代表他是来自硅谷的创新资源和力量。我们对创新的国际化都有很深的期许，也希望这次疫情，除了让我们所投资的创新产业能提升能见度之外，也能够让更多的资源、资本一起共创共融！

好友刘轩是我在识富天使会结交的伙伴，也是我从小"神交"的朋友。相信很多和我差不多岁数的朋友都应该对刘轩父亲刘墉先生所写的《超越自己》这本书印象深刻，而这本书的内容，其实谈的就是刘墉写给儿子刘轩的亲笔信。所以当我们第一次见面时，刘轩很意外我这么了解他，其实是因为《超越自己》这本书对他进行了详细地论述！刘轩与其父亲刘墉先生的教育思维皆非常先进，且中西兼容，他同时也是心理学家、作家、演说家、DJ，他本人就是"斜杠人生"的成功代表，所以特别邀请他为我作序。

从构思到付梓，《让别人赢》这本书的完成，首先要感谢旭荣集团及天使会的伙伴们，在大家的努力下，我们能堪称顺利地向前迈进，真的是一件很不简单的事。

还有我亲爱的父母亲，旭荣集团董事长黄信峰先生及总经理黄庄芳容女士，如果没有他们两位，我今天绝对不会有任何机会能发表文章，甚至出版书籍。第一代创业者的辛苦与投入，是我们第二代经营者难以想象的。但同时，我也跟老人家提到，我们现在所投入的创新创业，其实某种程度上也是在补上我们没有参与的过去那一段开疆拓土、披荆斩棘的企业草创期的经历。也希望能为我们接近五十年的本业，创造出新的生命曲线，开拓出不一样的可能！

另外，还要感谢亲爱的老婆Sherie的支持。因为她的付出，我才能全力冲刺事业而无后顾之忧。在中间接力协助联系出版专栏文章的同事May、Hedy、Vicky，还有与我深度联结合作的创新团队，乔米时尚美学的CEO及诸位店长伙伴，宝贝友BBC

童装的CEO魏群芳，游牧行的木子鹏以及政治大学黄国峰老师，都是让这本书能顺利出版的恩人！

特别要谢谢《商业周刊》出版部胜宗、玫均等专业团队成员，负责渠道及营销的慧妮、惠雯，最后编辑文稿的惠萍等伙伴。受疫情等诸多因素影响，出版一波三折，终于尘埃落定。最后要感谢所有支持我、协助我的好朋友，尤其是正在阅读此书的您。作品的存在，就是希望能够与读者对话，就是因为有了您的肯定，我才能有持续写作、发表的动力！

前后写了好几年的序，
二〇二二年八月二日于台北办公室定稿

推荐序一

"让出来"的天下

商周集团荣誉创办人　金惟纯

几年前，冠华来找我：他希望把旭荣集团打造成"修习道场"。其实就是最高效、最完美、可持续的学习型组织。这正是我最有兴趣做的事，我们一拍即合。

在征得父母的同意后，他邀请我分别在台北、上海和越南主持了为期数天的工作坊，让集团管理层共同学习。据冠华的说法，他在课程后看到了"巨大的转变"。

依我的经验，课程效果能持续多久，关键在于主事者是否亲身投入。我看到的是，冠华在工作坊中全程参与，课后仍带领大家持续修习、不断分享，因此成效斐然。

在本书中，我处处看到冠华持续修习的旅程。而"让别人赢"，正是一种极高的领袖格局。

据说，刘备能让孔明、关云长和张飞为他效命，是因为他常说三句话：你说得有道理！这件事很重要！我怎么没想到！

第一句话，把"对"让给了别人；第二句话，把"成就"让给了别人；第三句话，把"赢"也让给了别人。让得如此彻底，让人如何不效命？所以说，天下不一定是争出来的，有时候是让出来的！让出来的天下，比争出来的更好！

而这一个"让"字，谈何容易？因为小我的天性，就是要不断地证明自己。"对"和"赢"，正是小我最难割舍的执着！在讲究竞争的企业环境中，大家都带着想要对和赢的小我意识，怎么可能同心勠力？消耗的能量、减损的效能，可想而知。

正因为如此，有格局的领袖才难能可贵。领袖要有格局，必须不断修习，放下小我，才能生出"让"的胸襟，把"对"让给别人，把"赢"让给别人，打造出超越小我、以大局为重的企业修习道场。

领袖最重要的特质是承担。有才干，可以承担事；有德行，才能承担人。承担事，可以做大做强；承担人，则可长长久久。才干可以练出来，德行只能修出来！而一个企业，若能成为"修习道场"，在上位者有德，其左右有才者勠力以赴，自可长长久久。

冠华身为企业第二代，在成为接班人的过程中，除了锻炼能力，还愿意修炼心性，放下小我，让别人赢，实属难能可贵！

在本书中，处处可见他随时觉察，在每一件事中、在每一种关系中，不断地让自己有体悟、有修习，并且乐于分享，完全吻合"做中学，学中觉，觉中悟，悟中行"的修习法门。

本书是一个青年企业家的修习实录，可圈可点，值得一读。

推荐序二

凡事做到极致的 Sunny！

商周集团 CEO　郭奕伶

"就算你把记者名字遮起来，我也可以猜出这篇是谁写的。"这是多年前初遇 Sunny 时，他形容自己详阅《商业周刊》报道的功夫。我当场测试，果然他所言不假。

这是他给我的第一印象：好学而细腻。他不只广泛阅读，博学多闻，甚至连每位记者的文风都能辨识。

后来，我被他的笔记吓到。他从背包里拿出笔记本，一翻开，"前后部分是固定的，用来记录没有时效的内容，前面是工作心得，后面是一些自我提醒、灵光一闪、名言；中间部分的活页纸我每年更换，年度活动、每天行程都记在这"。

他很早便开始自觉地收集名人佳言，随时看、实时记，甚至还常翻阅复习。早年，他会定期将自己手写的名言佳句，分类输入计算机，年底再印出烫金版册子，与好友分享。

不只如此，他的笔记"左公右私，左边记公事，右边记私事。公事分五种颜色：一般事务用铅笔；自己要做、比较重要的，用蓝笔；长期计划用绿笔；需别人汇报的任务，用红笔；老板交代的，用黑笔"。

系统分类狂，是我对他的第二个印象。他就像个自动分类机一样，任何事只要经过他，一定会变得井井有条。

即便只是去按摩、下馆子，他都能依据不同条件建成一套可以搜寻、评鉴的系统。

系统化的能力，代表的是一种深入的逻辑思维习惯，能据此定出合适的框架，让事情依序分类收纳。

你可以想象，一个连自己的休闲娱乐都可以建成系统的人，他公司的人力资源、教育训练、跨国营运、研发生产、大数据等各种系统，会多么有逻辑、有秩序。

高效率，是我对他的第三个认识。与他通信往来，他的回复速度连我这个被封为"急惊风"个性的人都自叹不如。他对效率的重视，不只反映在信息传递的精准上，可以这一秒处理完的事情，他绝对不会拖到下一秒。

好学、系统分类狂、高效率，这三个特色让Sunny的经营火候突飞猛进，也让旭荣集团不但顺利承袭了上一代的创新创业基因，更建立了可永续发展的跨境管理制度，展现出新的面貌。

这几年，Sunny跨足天使创投、定期撰写《商业周刊》专栏文章，接受越来越多访问、演讲邀约，因为见多识广，事事做到极致，他的每一场演讲、每一篇文章，都有精辟而独到的见解，更因他早年抄写名言佳句的功力深入骨子里，他信手拈来，总是言谈风趣。

Sunny 是一位杰出的第二代企业家，他能承前，也能启后；他能经营企业，也懂得品味生活；他带领企业获利，却不牺牲家庭生活质量。

阅读这本书，你可以学到他深入核心、归纳简化的管理功力；而他的文章总是自带笑声与快乐，尤其是文后的"PS（附言）"，让你的阅读旅程充满愉悦与惊喜。

我尤其喜欢书名"让别人赢"，这呈现了利己。这样的第二代企业家，让人尊敬，也让人喜欢。

推荐序三

像老茶般回甘

中国台湾数字化企业总会理事长　陈来助

我的同学 Sunny 要出书了！收到《商业周刊》，常常可以看到他的文章，这次终于要结集成册，一口气读下来，就像攀登百岳，体验壮阔山岚及云海，感觉自是不同。

Sunny 的文章常有着非常有趣的标题吸引你看下去。文章后还有注解，让你得以咀嚼其中的逻辑，就像老茶一般竟然可以回甘。

Sunny 是我的同学，我们那一年一起去通用电气公司总部受训，当时对他并不熟悉。2018 年我成立二代[①]大学后，接触了很多二代，才慢慢了解所谓的"二代接班"不为外人所知道的辛苦。那时候才再度重新认识 Sunny，一位成功的旭荣集团"创二代"。我十分佩服他能够在公司跟公益之间，在时间运用、

[①] 二代，继承人之意。——编者注

资源安排以及角色之间转换得如此顺畅。后来又看到他在《商业周刊》定期发表专栏文章，并常常演讲分享，实在不知道他怎么有这么多时间去找到这么多的题材。我自认为已经很跨界，自称为转型魔术师，但与Sunny相比，简直是小巫见大巫，这让我百思不得其解。后来自我解读，他应该是一天有二十五小时的超级魔术师！

这本书有许多很棒的文章，特别是贯穿这本书的理念——"让别人赢"，这是多么了不起的做事理念！我们大部分的人其实都希望自己赢，特别是创业者，而原来"让别人赢"才是最高境界。Sunny说，企业要像高铁，每一节都自带动力，才能够跑得快。看了这么多传统产业，带过众多新创公司，往往成功的关键就是"一动全动，节节贯通"，原来这就是Sunny文章所称的"高铁企业"，实在比喻得太好了！这本书每篇文章都紧扣"创新、转型、升级及接班"的超现代管理学理念，对我而言，是再次学习的好经验。这是一个一天有二十五小时的超级魔术师的新书，值得好好拜读，一看再看。

推荐序四

积极、前瞻的引路人

天使投资人、YouTube 共同创办人　陈士骏

　　经过种种历练后，2019 年我决定搬到中国台湾。尽管在美国生活了很长时间，但总有一天要回台湾的心意从未改变。这里永远是我的故乡，我一直希望为她的未来做出贡献。

　　台湾在我生命中一直扮演着重要角色。我出生于这里，8 岁移居美国，童年时期在美国中西部的芝加哥附近度过，直到 1999 年移居旧金山湾区加入新创公司 PayPal。接下来的 20 年里，我的生活点点滴滴都离不开硅谷，包括联合创办多家公司、担任天使投资人、为新创公司提供建议，以及在董事会任职。在此期间，我成为 YouTube 的共同创办人。

　　回台不久后，我开始探索和了解台湾的创业生态。台湾和硅谷有许多显著差异，有好的，也有坏的。其间我遇到了 Sunny，立刻有一种亲如手足的感觉。他有种鼓舞人心的力量，这是因为他全心全意关注台湾的长远发展，同时挽起袖子克服

眼前所有困难。台湾不缺有天赋、有潜力的人才。硅谷的成功并不神奇，台湾也有能力创造下一波影响未来的科技潮。

Sunny个人领导能力与经营能力展现在他实实在在且持续不断的佳绩上。更重要的是，他领导识富天使会这个紧密相连的企业家网络，奠定了台湾人才与世界接轨的基础。与所有的新创企业①一样，没人能对未来打包票。然而，如果少了Sunny这样积极、前瞻的引路人，创业之旅就跨不出第一步。对于世界各地的企业家来说，现在的台湾是一个令人兴奋的地方！

---

① 新创企业是创业者利用商业机会通过整合资源所创建的一个新的具有法人资格的实体。——编者注

陈士骏序文原文

In 2019, after these experiences, I decided to move to Taiwan. In spite of having spent the greater part of my life in the US, my mind never wavered from wishing to return to Taiwan one day. Taiwan will forever be my home and I've always wished to contribute to its future.

Taiwan has and continues to play a significant role in my life. Born in Taiwan, I moved to the United States at the young age of 8. I spent my childhood in the US Midwest, near Chicago, before moving to the San Francisco Bay Area to join the startup, PayPal, in 1999.For the next 20 years, my life was filled with all aspects of Silicon Valley ranging from co-founding multiple companies, angel investing, advising startups, and serving on boards. During this period was when I co-founded YouTube.

Soon after arriving, I started exploring and learning about the entrepreneurial landscape in Taiwan. There are many distinctive differences—some beneficial and some detrimental—between Taiwan and Silicon Valley. During this period was when I met Sunny; I immediately felt a kindred connection with him. He was an inspiration in that his heart was decisively focused on the long-term vision for Taiwan while his hands were focused on all the short-term challenges that needed to be overcome. Taiwan is lacking in neither natural talent nor potential. There is no magic in Silicon Valley; Taiwan is just as capable in creating the next wave of global icons in technology.

Through concrete and continuous results, Sunny has been able to demonstrate his personal leadership and business abilities. More importantly, it is his leadership at Smart Capital, a highly connected network of entrepreneurs, that lays down the groundwork to bridge the talent pool in Taiwan with the world. As with all startup ventures, the future is never guaranteed. However, without the proactive, forward-looking guidance of individuals like Sunny, the journey will never begin. For any entrepreneur around the world, Taiwan is a thrilling place to be right now!

Steve Chen

推荐序五

读通教养背后的"概念"

教育专家、畅销书作家　刘轩

拜读了 Sunny 兄撰写的亲子教育散文后，我上网查些资料，刚好看到他之前在一场精英讲座上的分享，谈到企业传承以及与上一代沟通的挑战，他说："概念通，后面就通了。"

我认为亲子关系也一样。每个孩子都是独特的有机体，有不同的个性、不同的需求，成长过程也各有不同。这时，我们更需要沟通概念，与孩子沟通，与另一半沟通，与自己沟通。

例如，"孩子情绪失控是暂时的表现，与其用强权压制，不如寻找方法引导"，就是一个概念。父母如果认同这个概念，就可以立下原则：双方情绪化时不要与孩子直接对决。下次当状况发生时，就可以更清楚该怎么应对，不会反复无常。长久下来，当双方都知道该如何处理情绪时，就会形成一种家庭文化，而一种稳定的家庭文化，能养出更有安全感的孩子。

教育孩子的分工，也是父母之间需要沟通的概念。如果父母不能同时在家，要如何分配教育责任？这不能只是"谁看到，就谁来处理"那么有机动性，而是需要事先协商，才不会让夫妻互扯后腿。这些 Sunny 相当明白，因为事业忙碌，他认为自己不适合介入孩子日常生活的管理，以免规范不能持续，反而造成困扰。但他会努力激发孩子学习的热情，陪老大下五子棋，也会亲自负责孩子的英文教育。这每一个决定的背后，都有一个概念。

当我读 Sunny 的亲子散文时，我看到的不只是一个父亲的经验，还有一系列有关教育本质的概念讨论。例如有关英语教学，其概念是"不要把语言当学问，而是当工具"，最重要的就是给孩子找到一个自然快乐的环境，让他能很开心地使用这门语言。对于是否送孩子离开台湾出去念书，Sunny 竟然打算让孩子自己决定！但为了做出更好的决定，他会提早教孩子企划能力，并授权让孩子设计全家的出游行程，从经验中学习如何做好判断。

虽然这些文章读起来白话日常，但我相信每个概念都是读了文献，再经过深思熟虑后得来的，不然怎么会与我之前在教育学院学到的概念都不谋而合？我认识的 Sunny 是个清单狂和收纳狂，还是 AB 型血处女座，即便整个人的样子看起来很轻松，也应该没有什么事情是随便决定的。这使我想起美团 CEO

（首席执行官）王兴先生曾说过的一句话："我为了执行上的懒惰，愿意做战略上的所有勤奋。"我相信 Sunny 兄在教育上，应该也会认同这个说法吧。

很高兴能够读到这些文章，让我有所共鸣也有所学习，也特别喜欢其中几篇以及最后的 PS（附言）内容，诙谐地来个"变化球"，让我们看见孩子毕竟还是个孩子的那一面。回想自己的经验，那些孩子不按牌理出牌的时刻，也往往是父母最可贵的回忆。前提是，家里需要一个有原则、安全、有爱的环境。有了这些，大事可以化为小事，小事可以变没事。

教育就如同企业传承，概念通，后面就通了。

各方推荐

（依姓氏笔画序）

成就他人，成就自己。

——陈立恒，法蓝瓷创办人暨总裁

作为投资人，让我最感到开心和骄傲的，就是帮助创业家取得成功。因为在这个过程中能获得的成就感和快乐，并不输给自己获得成功的喜悦。本书带我们思考，如何将创投"让别人赢"的思维套用在企业管理和待人处事上，或许这也将为你带来意想不到的回报！

——郑博仁，心元资本创始执行合伙人

与 Sunny 做好友多年，我感觉他永远处于饥饿状态：不只是对美食的追寻，也有对各种知识、观念、启发与能力等的大量摄食与消化，并将所产生的热量与营养"挥发"在他生命里的多重领域中。这本书里的每一篇文章都是他实践后所分解出来的智慧，成为方便吸收的养分。

——洪裕钧，台湾松下电器董事长

最有经验的天使投资人,最有价值的分享。

——黄齐元,蓝涛亚洲总裁、智门 SmartGate 创办人

本书就是 Sunny 的智慧写照,成就他人,辉煌他人。让别人赢,重点不在于结果,而是意愿与实力的展现,除了具备心智与道德修养的最高境界,更需兼具"成就他人,辉煌他人"的能力。

——黄国峰,政治大学企业管理学系特聘教授

记得几十年前就听人说过,成衣事业已经是夕阳产业,但有些人却活了下来,而且越来越旺盛,好像从晨曦上升到日正当中,旭荣就是我亲身接触过的成功企业之一。而我接触的对象就是他们的执行董事,本书作者黄冠华。

你会在这本书中发现他诸多的成功因素。例如,他相信人性的善良面,也认为需要肯定善良的表现。我想添加的一项是:冠华的持续学习精神及乐于与他人分享的态度。他在求学时期就参加了卡内基训练,而这本书的内容更是他成功经验的见证分享。

——黑幼龙,中文卡内基训练创办人

Sunny 大儿子和我儿子同年，我们在子女教育、企业经营上，有很多共同的理念。虽然产业有很大的不同，但是我们"以客为尊""让孩子赢"的思维是非常相近的。相信这本书值得大家一看！

——蔡伯翰，台湾喜来登 CEO

Sunny 善用说故事的方式，让许多需要深刻体会的道理浅显易懂，不管是在工作还是家庭生活上都很受用，尤其是亲子关系的部分，看了让人意犹未尽。我也很喜欢每篇最后的反思和趣味分享。本书用轻松、生动的方式来引导您培养更深层的独立思考能力，我极力推荐。

——蔡承儒，台北富邦勇士篮球队领队

目录 Contents

让别人赢

Part 1 你输我赢？
【思维转换篇】

亚洲人打麻将，本质是『和谐的组成』，赢的关键，在于谁的『局』最和谐。原来，让别人赢，不代表就是自己输。

- 01 让别人赢！ 002
- 02 玩扑克与打麻将 005
- 03 『悲天』更别忘了『悯人』！ 008
- 04 Stay hungry, stay foolish! 010
- 05 笨蛋！关键是挑战场！ 013
- 06 敢去要！ 016
- 07 身体不方便，同理心乃现 020
- 08 等一下与马上来 023

Part 2

【经营管理篇】

成长的飞轮

企业要成长，绝对不能只靠英明神武的领导当火车头，我以高铁为师，期许每一位员工都是公司成长的飞轮，而关键不只在管理，我更重视企业文化与团队协作。

- ⑨ 环岛与红绿灯　026
- ⑩ 从洞见到智慧　029
- ⑪ 没思考过的知识不是你的　032
- ⑫ 先通才，再谈专才　035
- ⑬ 虚拟人生　038
- ⑭ 火车还是高铁？　042
- ⑮ 狼与哈士奇　045

2

目录 Contents

- 16 给企业第二代的祝福 047
- 17 成为高层主管的教练 049
- 18 交代事情的五个步骤 052
- 19 修正比决策更重要 055
- 20 去河马咬人的地方 058
- 21 非洲同事的礼义廉耻 060
- 22 别高估了人性的善良 063
- 23 面对挑战，才能激发无限可能 066
- 24 「双轨制」组织管理 069
- 25 「共治」的文化 073
- 26 越级报告的迷思 077
- 27 数字化转型奖 079
- 28 为什么你们不上市？ 082

Part 3

【天使投资篇】

钱也是有情怀的

我先后创立了 WorkFace Taipei 和识富天使会来支持新创领域，但我们的团队认为，天使投资绝对不仅仅是金钱游戏，更需要有利他的情怀，还有对这些信仰的执着。

- ㉙ 你可以选老板，但不需要挑同事
- ㉚ 不要急，不要怕，不要停
- ㉛ 小树市集
- ㉜ 让客户赢
- ㉝ 迎接天使投资新世代
- ㉞ 缩小自己，别做指手画脚的人
- ㉟ 白手起家的创业陷阱

085　088　091　094　098　103　106

目录
Contents

Part 4

【为人父母篇】

别教孩子"乖"

"你为什么老是不听话？""我这样做是为你好！"
乖，就是要求孩子表现出我们大人想要看到的样子吗？
如果孩子懂得为自己负责，何必要求他乖？

- ㊱ 壁虎的影子——谈"估值" … 109
- ㊲ 如何当一个好天使？ … 112
- ㊳ "泰姬陵症候群" … 116
- ㊴ 羊市 … 119
- ㊵ 伪成功学 … 121
- ㊶ 屠龙少年 … 124
- ㊷ 创业者的品格 … 127
- ㊸ 钱也是有情怀的 … 130

44	让孩子赢	134
45	主观的爱不是爱	139
46	你是不是一个乖小孩？	142
47	孩子，分享是美德，但没有人可以强迫你	145
48	孩子，你的人生是你的	149
49	从五子棋聊『学习』	152
50	学会道歉	160
51	如果不能改变环境，只好改变你自己	163
52	从一个高一新生跳楼谈起	168
53	让孩子做决定	172
54	关于学英文这件事	176

Part 1

你输我赢？

【思维转换篇】

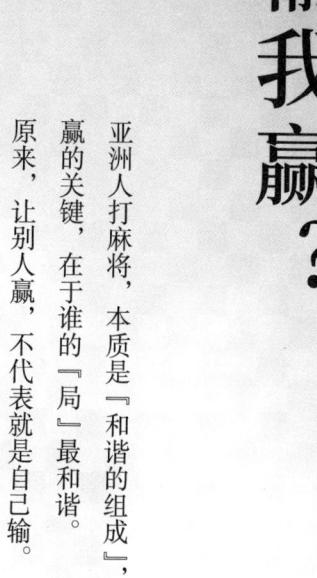

亚洲人打麻将,本质是『和谐的组成』,赢的关键,在于谁的『局』最和谐。

原来,让别人赢,不代表就是自己输。

01 让别人赢!

> 进入职场,无时无刻不散发着战斗气息,因为要赢;参加社团组织、朋友聚餐,都巴不得别人知道自己有多厉害、多博学,因为要赢……

前一阵子老爸的好朋友送他黄俊雄布袋戏的表演票,在台北戏剧院公演。他约老妈去,老妈对布袋戏表演兴趣不大,就说不去了,老爸只好约了想看戏的老朋友去看。

傍晚回来,刚好老妈不在。老爸告诉我:"那个布袋戏真的是我看过的有史以来最棒的表演!"老爸讲得唾沫横飞,说那表演如何颠覆传统布袋戏的印象等,我听得如痴如醉,就好像看现场演出一样精彩。晚餐后,老妈问:那个布袋戏怎么样?老爸在餐桌上淡淡地说:"你真是有先见之明,还好你没去看,表演就一般般。"我在旁边听了,眼睛瞪得超大,但还是决定默不作声。

吃完饭,我问老爸:你怎么和老妈说表演普普通通不好看?老爸笑着说:"你要懂得让别人赢呀!如果我回来和她讲,'哈哈,你活该,那么好看就是没去看,你就没有看好戏的命,知道了吧！'这当然也是一种做法,但是对整件事情一点帮助都没有。**对于已经发生的事情,不需要再去炒冷饭,也不用再去找麻烦。**我看到好看的表演,对我来说已经赚到了。多讲一句话让她赢,让她觉得做对了决策,让她爽。**反正戏都已经看完了,如果这样讲还能够让对方高兴,带来一些附加价值,那不是一件很棒的事吗?**她心情好,我们日子也比较好过,对不对?"

是呀！我回想从孩童时期开始,打架时你打我一下,我一定要还手,总是要打到最后那一下,因为要赢；长大以后,和人家吵架总是要讲到最后那一句最伤人的话,因为要赢；进入职场,无时无刻不散发着战斗气息,谁敢对我不好,我一定加倍奉还,因为要赢；很多场合说话都如刺刀般锐利直接,直攻要害,甚至语不惊人死不休,因为要赢；参加社团组织、朋友聚餐,都巴不得别人知道自己有多厉害、多博学,因为要赢。

现今社会上的诸多显学,都在教你怎么赢才能赢得漂亮、赢得彻底,好像这样才是人生的胜利。在我记忆中,很少听到谁说"让别人赢"。

其实,**让别人赢,不代表就是自己输。**老爸的智慧,让我思考很久很久。

PS

一、老爸问我:"你也会对老婆这样子,'让她赢'吗?"嘿嘿嘿,这境界实在太高,我想我还是需要再"修炼"几年吧。

二、这本书出版的时候,黄俊雄布袋戏已经不只在台北戏剧院登台,甚至都拍成电影上映了。真心希望这个传统艺术能够流传下去,这是我们这一代人幼年时的共同回忆!

02 玩扑克与打麻将

> 拳头大小决胜负,是扑克牌游戏的主要思维;但打麻将,大家是互相联结的,进攻与防守常常是一体两面,本质是"和谐的组成"。

农历新年假期,全家去南部度假,大人们教小朋友打麻将、玩扑克牌的游戏规则。小朋友学得很快,过程中总会问:"要怎么样才算赢?"在这个过程中,我体会出一些东西方文化思维底蕴的差别,反映在扑克牌(代表西方)与麻将(代表东方)当中。

扑克是西方发明的牌系代表,一副扑克牌有四种花色,每种花色从 2 到 A 共十三张牌。不论哪种扑克牌游戏,基本上摆脱不了同一种获胜逻辑,就是以大胜小、实力取胜。同花顺(同一花色,顺序的牌)最大,然后炸弹(四张同一点数的牌)压三条(三张同一点数的牌),三条压同花(五张同一花色的牌),这样一路比下去,最后比到对子(两张同一点数的牌)赢高牌(单牌且不连续不同花色的牌),中间虽然依据各游戏规则而略有技巧变化,但原则上皆为谁牌面大谁赢。如果你拿到一手好牌，就要想办法极大化好牌的价值；如果牌不好就要想办法防守，趋吉避凶，不要让自己被一次歼灭。拳头大小决胜负，谁拿的牌大或是实力强，谁就是赢家，这是西方扑克牌游戏的主要思维。

但东方的麻将不是这样的概念。以台湾麻将为例，三个为一搭，拼凑五搭，最后再配上一对"眼睛"，凑到十七张和牌。所有的排列，没有谁大谁小的问题，也没有谁压谁的问题，九万不比一万大，一筒也不比九筒强，重点是你左右搭配顺不顺畅，有没有形成一个个的"搭子"。而最后所谓的赢家，就是在所有排列组合中，组合成功最快最好的那个人。在求胜过程中，大家是互相联结的，不论吃或是碰，进攻与防守常常是一体两面，你舍牌，才会造成联动式的进牌。麻将的本质其实是"和谐的组成"，用最高的概率，辅以最有效率的方式，来达成一个最有效的组合，可以是因为别人放炮而让你胜利，或是你通过自己的努力来获得胜利（就是自摸）。如果你是靠自己成功，那理当有更好的奖励（门清自摸算三台）。**赢的关键，不是因为你最强大，而是因为你最和谐！**

游戏是文化的产物，而文化也会随着游戏传播。西方文化讲究实力取胜，实力决定强弱，你要寻求战斗和对决的机会，不论是好牌出尽、直接对决，还是机关巧思、运用策略，但本质上牌力的好坏在输赢中占了极大的因素，对决结果不是你胜就是我赢。

既然是游戏，当然就会有输赢，但东方文化重视和谐共生，所以我们东方的游戏所体现的，就是这种由和谐所创造的价值，无关乎绝对性的大小，而是谁创造的"局"越成功、有效，谁就是赢家。

当然，这只是一种角度切入所创造的诠释，在现代社会中，东西方游戏早已融合交流，兼收并蓄，取长补短，时时刻刻可以切换、转变。或许大家在面对跨境管理的困难情境时，这些从游戏中提炼出来的思维，可以是一个不错的思考方向。

> **PS**
>
> 短短几天，小朋友们的牌技都可以上战场厮杀了，回想我小时候，和他们比较，实在是落差太大，远远不及……真不知道是老师教得好，还是大环境真的不一样了。

03 "悲天"更别忘了"悯人"！

> 你觉得理所当然的一切"防疫措施"，对某些人来说，其实都是极为奢侈的幸福。

公司的国际布局经验，让我们常常能从不一样的角度看世界。

例如，在新冠肺炎疫情之后，我们一直讲要勤洗手。你能够常常洗手，代表你所在的环境，还有一个至少算是干净的自来水系统；在一些严重缺水的地方，勤洗手这件事，想都不用想！

我们说要多消毒。能够使用消毒液或其他的抗菌产品，代表你负担得起这个消费，有能力购买保护你身体健康安全的东西。

你需要保持社交距离，其实这代表你有能力去消费，去社交，去做你喜欢且快乐的事，不需要为下一顿的温饱担心。

你觉得理所当然的一切"防疫措施"，对某些人来说，其实都是极为奢侈的幸福！

一些贫困落后国家，没有完善的医疗体系、医保制度，甚至村落里还在请巫医来看病，生病的时候，就只能把自己交给上天了。

作为雇主，面对在先进都市办公室工作的同人，所担负的责任是希望大家能遵照当地政府的指示和政策，请大家好好照顾自己。但是在相对落后的地方，雇主的角色可能需要真正负起照顾这些生命的责任，因为一个员工的健康，可能就代表了一个家庭的一切生计。

悲天，别忘了悯人。最近在网上看到大家传阅着一张图，谈到"疫情中的我"，从惊慌愤怒（疯狂抢购囤积、情绪激动），到自我学习（认知合理信息、理性思考），最后是跨越成长（具同理心、帮助他人）。

这是一个心智上不断突破的过程，也是这一场疫情带给我们的反思，**我们人类到底有没有珍惜所拥有的、这唾手可得的幸福？这场疫情的出现，影响了我们所有人，但不是同等程度地影响了每一个人。**面对未来，除了我们熟悉的一切被改变之外，如果我们能够从不一样的角度看待他人、看待世界，甚至看待自己的那双眼睛，那就真的是大家的福气了。

> **PS**
>
> 我们的非洲工厂自制了一个"消毒防疫"组合套件，堪比一个高端的机场检测消毒系统，全是就地取材，使用铁具手工焊接而成。在资源匮乏的地方，"自己动手做"常常就是一切的答案。

04 Stay hungry, stay foolish!

> 本篇标题这句话是乔布斯的一次经典演讲结尾赠言，中文翻译成"求知若饥，虚心若愚"，其实反映了我们东方思维的底蕴。

因为疫情的关系，海外各级学校的 2021 年毕业季移到了 7 月暑假。以美国的知名大学来说，每年都会邀请名人嘉宾做毕业演讲，这些年来的毕业演讲者和分享内容中，苹果公司创办人乔布斯在斯坦福大学的著名演讲结尾那句"Stay hungry, stay foolish！"应该是最广为人知了。

将"Stay hungry, stay foolish！"翻译成"求知若饥，虚心若愚"是最常见的中文诠释。就像读历史故事一样，当时写下的历史反映的是当局者的史观。对这句话的翻译，其实反映了我们东方思维的底蕴。因为在东方文化中，我们认为谦逊虚心是美德，我们就用东方的价值观套用在乔布斯身上。

但上面这种诠释其实未必符合乔布斯的个性。"Stay hungry"的关键概念，应该是对"饥渴"的诠释，而它并不是针对知识，**我们可以解释为"永不满足"且"不断地追求极致"更为恰当**！苹果产品本身就是一种对极致的追求，乔布斯对极简主义的要求，在苹果的设计上执行到了极致！相信很多人都听过乔布斯的另一句名言："人们其实并不知道他们自己要什么，直到你让他看到。"就是因为对于极致的追求，加上对自己的高度自信，他以破坏式的创新，创造出前人都没有想象过的方式、产品，进而改变了手机、音乐、计算机动画三大产业，成为一代大师！

另外讲到"stay foolish"，又是另一种属于我们自己的文化投射。我更认为这里所谈到的foolish，其实是要解释成**"不用怕变成别人眼中的傻子"**，因为成功与卓越，其实都是站在高峰而孤独着，但唯有这样的"傻"，往往才能成就所谓的"高"和"大"！

综上所言，与其翻译成"求知若饥，虚心若愚"，另一派的说法，倒认为不如译为**"永不满足，常保傻劲"**更清楚通达，更能贴近这位大师的个性与思维，也更能传达他想对学生传递的信息。从另一个角度来说，或许对于一代大师的经典名句，不翻译它，就请大家直接理解原文，才是最好的诠释吧！

PS

就好像讨论古典文学一样，我们后人常常穿凿附会地给予原文太多的解释。如果有个小朋友不希望想得太复杂，就简单粗暴地照字面翻译为"饿肚子，当傻瓜"，这样会不会才是最精准的原意呢？

05 笨蛋！关键是挑战场！

> 鳄鱼和熊打架，谁赢？那要看在哪里打。是在陆地上，还是在水下，结果肯定不一样。

我从小就喜欢打篮球，身材不高，但凭着热情和手感，高中、大学，我都是全队最矮的那个控球后卫兼射手，曾经还持续和朋友在晚上租室内场地打球。但这半年新来了几位身手很好的年轻人，比我高、比我快，还比我准，比赛时我都觉得自己有点变成队里的累赘了。人要服老，加之工作也忙，我就少去打了。

但我读小学三年级的大儿子，刚好处于对篮球的启发期，他五岁起就是 NBA 迷，周日有空我就陪他去球场。有一次刚好遇到其他年龄相近的小朋友，有人提议打全场，一群人起哄着说好，但是选手不够，他们就叫我这个"老爸"加进来比赛。

三十余年的篮球记忆中，我第一次成为全场最高的球员。比赛开始，小朋友们个个抢球奋不顾身，但毕竟基本动作不够熟练，运球掉来落去，乱成一团。我变成一夫当关的超级全能球员，抄截、传球、盖帽样样通（比赛就是比赛，没法让小朋友的），加上我本身又是后卫出身，外线不错，配上身高（当然这是相对的），打起球来简直是大杀四方，所向无敌，如化身NBA全能球星勒布朗·詹姆斯一样，从一号位打到五号位，太神了！我队大胜，小朋友以钦佩赞叹的眼神看着我，跟我说："叔叔，你真的好强喔！"

呵呵，这句话让我爽了整个礼拜。我前几周还在怨叹时不我予，跟不上年青一代的速度与节奏，下一刻我就突然变成了篮球超级巨星！其实，这一切不都是因为"战场"不一样，"对手"不一样嘛。

鳄鱼和熊打架，谁赢？那要看在哪里打。是在陆地，还是在水下，结果肯定不一样。**很多时候，成功并不只是取决于你努力不努力，你的竞争对手和战场，才是决定你成功的关键因素。**申请好学校，谁不想被录取？但可能有人比我更优秀、更适合。创造一个品牌，谁不想独霸市场？无奈对手更强大！在众多体育竞技活动中，我们常看到选手在赛前刻意降低体重，换一个更有把握赢的量级，或是调战绩，去避开季后赛对手等，都是一样的道理，大家都在挑战场、选对手！

人生和企业的竞争，其实都是观念的竞争，做人做事，你懂得挑战场，就相对容易成为赢家。**但挑战场并不是逃避现实，关键在于，这个领域你是不是有相对实力和优势，是否能让你产生最大的边际效益。**这其实是很基本的经济学原理，只是我们常常忘记了。

> **PS**
>
> 人生很多时候，失败不是因为我不努力，皆因敌人太强大！我命由我不由天，所以我决定以后就打周末的小学养生篮球好了，有运动效果，又有成就感！有人问，如果这些小朋友长大了怎么办？呵呵，就只好再等孙子出生了……

06 敢去要！

> 人生很多时候，不是那么需要聪明才智来定胜负，就只是一个"你敢不敢去要"的念头而已。

我的老婆是一个意志坚定、表达明确的新时代女性，她原来服务于外商公司，在业务岗工作，在生了孩子之后，回归家庭，相夫教子。但是在她身上，我常常可以学到很多我不具备的品质。

多年前，我带着大儿子和老婆去参加一场幼儿园露营活动。由于活动地点靠近北海岸的一个观光渔港，几位家长提议活动结束后大伙儿一起去找渔港内一家最知名的餐厅，吃海鲜大餐庆祝。

当天是星期天，由于正值菊黄蟹肥的金秋季节，当地正在这个观光渔港举行美食螃蟹季活动，那天将会有数千辆车、数万人涌进这个小渔港。当然这个状况我们在出发前就已经想到了，我们决定派几台先遣车辆在活动结束前出发，至少先去占个位子，然后其他人在活动结束后再赶过去会合。我们大队人马要出发时，已到达的先遣部队汇报，人跟车都非常多，所有在渔港内的道路都已经被规划成单行道，车子一辆挨着一辆前进，渔港内的停车场早就爆满，基本上没有把车停在渔港内的可能性。他们把车子停在渔港外八百米处，停好车再走过去，要走二十来分钟。

大家出发了，老婆当下直接给餐厅打电话，问道："我们在二十分钟后会到餐厅，请问餐厅有停车位吗？"餐厅回答还有一个位子，老婆继续说道："请帮我们保留，我们快到前一分钟会再联系。"

电话讲完，我在一旁冷嘲热讽地说："从现在到到达餐厅的二十分钟之间，也许会有几百辆车子经过餐厅门口找停车位，怎么可能轮得到我们？再说，他们为了做生意，怎么可能不让人家停车？"老婆只回了一句："你没有试怎么知道人家不会帮我们留位置？我们都说好了，干吗不去试试看？"

我以看笑话的心情开车前往渔港里的餐厅，一路上当真是人山人海，通往渔港内的道路本来就不宽，路两边都是行人，车子则排成一列单向缓缓前进，连人往前走都已经摩肩接踵，至于要找一个停车位，那真的是想都不用想！

那家海鲜餐厅是一个很明显的地标，在远处就看到有很多人聚集，车子快到那里时，速度也明显变慢。就在我们距餐厅五十米处，老婆再次打电话向餐厅要车位，这时由于聚集在餐厅门口的人和车特别多，在餐厅门口指挥交通的警察，吹哨子叫我们赶快离开，不要停在路中间。就在这时餐厅里面跑出来一位阿姨（看来应该是接老婆电话的），跟警察打了个招呼，移开了餐厅正对面楼下的一个立体交通锥，用手势告诉我，请我倒车停进去。我吓了一跳。这真的不可思议，在人山人海的情况下，我居然就把车停在餐厅正前方的空地上，而且不是投机，也不是违规，这就是餐厅本来就附带的停车场空地，原来有三个空位置，停了两台车，现在剩一个，刚好就给我停车了。这么多车、这么多人，川流不息地经过这条路，要来这个餐厅吃饭，他们都要找停车位，为什么还可以轮得到我把车停在这里？

其一，我问了餐厅，他们说很多人打电话来问是否还有桌子，更多人挤在门口问有没有位子，但是几乎没有人问有没有停车位，或是要停哪里。（这是很有趣的问题，我觉得大多数人一定觉得，这时候，一定是要自己想办法解决停车位，就是必须停得远远的，不会想到餐厅居然可以提供车位。）

其二，在交通锥的正前方，站了一名警察在指挥交通。没有人会摇下车窗告诉警察，"对不起，我想停这里，我要去这吃饭"，因为他可能窗子一摇下，就被吹哨子要求往前开了。这时候的我，对老婆真是佩服得五体投地。

经过了种种波折,大家好不容易终于到齐了。在餐厅举杯畅饮、享受海鲜美食的同时,大家也聊到车子停很远,顶着太阳走过来多辛苦等。旁边一个人问道:"黄先生,你车子停在哪?"我抬起手,朝窗外指了一下说:"就楼下那一辆。"不意外,当场每个人都是一副不可思议的表情,"你怎么可能停在那里?你比我们还晚来呢!"当我把这个情况跟大家解释之后,有人拍手大笑,有人低头沉思,这真的是值得学习的一堂课。

说白了,人生很多时候,不是那么需要以所谓聪明才智来定胜负的。经营企业、经营家庭、经营人生其实都一样,就只是一个"你敢不敢去要"的念头而已。我脑中一直记得老婆说的:"大不了没车位,被拒绝。那就再找好了,又没什么好输的,我们何必事先否定,为自己设限呢?"是呀!真的没什么好输的,我们干吗为自己设限呢?

PS

在很多时候,如果你真的想要,你就要"敢去要"。敢做梦、敢执行,你就比别人有机会,就更容易成功。

07 身体不方便,同理心乃现

> 我发觉,当说话速度放慢时,我更能够掌握所讲的每一个字,也更能听进对方讲话的内容,取代"我想说"的欲望。

某天晚上,我睡前感觉右肩膀怪怪的,隐隐作痛,当下没立即做处理。隔天一早醒来,我发觉右肩膀整个不能动了,伴随着关节处红肿发热,几乎下不了床(因为一翻身要牵动肌肉,就会很痛)。后来咬紧牙关克服困难,穿上衣服,联系熟识的专业运动康复老师,赶快去挂号治疗。

康复老师告诉我,由于我肩膀紧绷加上侧睡姿势不当,变成类似落枕及粘连的状态,只是发生部位在肩膀,需要点时间调整康复。他协助我做了一些筋络整疗,当真是痛到呼天抢地!然后康复老师嘱咐了一些饮食注意事项后,我就离开了。

接下来的几天,真的就是过着残疾人一般的生活。之前觉得上下车或翻身下床是多自然的事,怎么会有人在做这些动作时这么慢?那时我才发现,是的,就是会这么慢……

只有在自己遇到不方便的时候，才能真的做到换位思考。后来几天，由于右手不方便，我被迫慢慢调整生活方式和步调，居然也悟出了些道理。

因为右肩不能动，连拿筷子都不是很方便。我变成用左手持筷，很不方便地吃饭夹菜。因为这样，我吃饭的速度变慢了，而且为了珍惜每一口得来不易的饭菜，我细嚼慢咽地去享受每口饭菜带给我的营养和感受，真的是"每一口皆辛苦"。我才发觉，过去的我，在吃饭时匆促急躁，囫囵吞枣，根本没时间享受食物真正的味道，更不用说这样做给消化带来的负面影响了。

因为右肩不能动，我的行为变慢了，走路速度变慢了，连说话也变慢了。我讲话的语速，平均降低了30%，思辨敏捷、行动迅速的Sunny转型了，变成一个说话沉稳、不疾不徐的人。

而我发觉，当说话速度放慢时，我更能够掌握所讲的每一个字，也更能听进对方讲话的内容，不论是听儿子说话，还是公司同事说话，我更能用心地听，取代"我想说"的欲望！

原来，在"慢的时间里"，在"不方便中"，更有空间**让我们来审视自己，身体不方便，同理心乃现！身体不方**

便，让我体会到要时时刻刻使自己保持感恩和谦卑，要换位思考，要替别人想！很期待这样的感受与心情能够继续保持！

PS

现在我的肩膀疼痛与僵硬已经治好了，回到生龙活虎的状态。但是这短短几天的经验，让我成为"肩膀不能动时，该怎么办？"的信息专家，中西医学里的各种治疗方式我都看遍了，也深入地去研究透彻，这也算是一种另类的收获吧。

08 等一下与马上来

> 一句"大家",就把"你"与"我"变成了"我们","你的事"与"我的事"变成了"大家的事"。一个很简单的说话技巧,却在组织内带来极大的影响!

企管界有个著名的案例:一家航空公司苦恼于长年在商务舱的国际服务评比中成绩不佳,请某企管顾问公司前来协助改善。该顾问公司研究之后,只开出一帖药方,就是请所有空乘人员在乘客提出需求、要回答客人的时候,把所有讲的"等一下",全部改成"马上来"。结果,隔年这家航空公司的服务评比大幅攀升。

这是真实案例。不论是讲"等一下"还是"马上来",提出需求的乘客等待的时间其实是一样长的,但这两个回答所呈现的意义却很不一样。"等一下"代表以我为主,我的时间比较重要,我先把自己的事情处理完,再来处理你的事情;"马上来"代表你的时间是最重要的,我优先处理你的事。可能客人必须等待的时间都是二十秒,但当事人听到这样的回答,感受却很不一样。从服务业"以客为尊"的理念来说，听到"马上来"的舒服感受，远远胜于"等一下"。

同理可证。我在公司内部常常扮演纠察队队员的角色，提出建议或纠正同事的发言。财会单位或后勤单位对业务部门发言提议的时候，过去常常用"你们"作为开头的主体，例如，"针对这个议案，在此希望你们能多多配合"。我要求所有同人，把"你们"改成"大家"，其实表达出来的词义不会变，但是听起来真的顺耳多了！

"你们"代表你与我是两个阵营，我从河的这一岸向你喊话，希望你能协助配合；但是"大家"代表我们是一起的，我以对内部人说话的概念，对自己的伙伴说话，听起来的感受当然是天壤之别。

"你们业务部""你们营销部"，这样的说法只会把我和你之间的距离推得更远。既然所有人都是同一家公司的同事，为什么不多讲"大家"，而要刻意区分你我呢？如果把这用在谈判上，感受更是强烈："大家坐在这里，就是为了达成共识。""让我们大家一起努力，看看有什么地方可以找到平衡点。"多使用"大家"，就容易把剑拔弩张、针锋相对的人化为自己人，因为我们是为了寻求共识坐在这里，而不是为了争吵或对立。

一句"大家"，就把"你"与"我"变成了"我们"，

"你的事"与"我的事"变成了"大家的事"。这虽然只是一个很简单的说话技巧,但其蕴含的道理,却在组织内带来极大的影响!**其重大微妙之处,其实在于"你心里有没有别人",你有没有把别人的需求放在你前面,你有没有认真思考过别人与你合作和相处时,他们内心的感受。**而这些感受往往都未必能在台面上讲清楚、说明白。如果你能对这些细微之处有深刻的体会,进而在表达上展现这种"让别人赢"的关怀,团队和组织自然因为有你的存在而更完满、成熟!

一点经验,与"大家"分享。

PS

"有个女大学生晚上跑去夜总会兼职上班。""有个夜总会女郎虽每天工作,但白天依旧坚持去大学进修学习。"这两个陈述讲的是完全一样的事实,可是用不一样的说法,感受就会很不同。常常一字之差就会带来截然不同的结果,人在江湖行走,说话表达不可不慎呀!

09 环岛与红绿灯

> 行经环岛的行车模式有高度的不确定性,但大家多半遵循一个准则,绕行后接着转往你要去的方向。这样的共识下,大家都到达了各自想要去的目的地。

日前,阅读到一篇谈管理的文章,给我非常大的启发。当两条路交叉形成十字路口时,除了交通流量太小的路口,让大家自己判断通过之外,绝大多数人谈到如何维持交通秩序,通常有两个答案:设立环岛或以红绿灯等交通设施来管控。

如果生活在都市里,出于空间和效率考量,多半是以红绿灯等交通标识来管控车辆行进或暂停,可能只有在比较特殊或是有较大空间的区块,才能看到环岛。

如果我们有能力决定用环岛还是红绿灯来做交通路口的通行控制,选择哪一种比较安全?

根据多年统计的信息,相对于使用交通信号灯的路口,环岛的车祸率减少 75%,而且车祸死亡率减少 90%。所以,哪一种更安全?哪一种设置车辆通过量较高?哪一种设施的建造与维持成本较低？以美国的实际统计数据来说，答案都是：环岛。

一方面，通过有交通信号灯的路口，基本上不需要思考，驾驶人看指令办事就行。注意红灯停，绿灯行。另一方面，对照行经环岛的行车模式，所有驶入的车都有高度的不确定性，但大家多半遵循一个准则，就是让已经进入环岛内的车先行，再驶入，绕行后接着转往你要去的方向。

台湾一年大概发生十万起车祸，我们敢说，在发生车祸前十秒钟，驾车的当事人一定都不知道自己会发生车祸，因为这多数是意外。心存侥幸、不守规则，或是刻意违反规定产生的各种意外——你在交通信号灯管控的情况下，就会面对这些变量。有规定，就有人心存侥幸违反规定，尤其是理直气壮地在高速违规，致死车祸往往就这样发生了。

而环岛模式的行车前提，是我们确认所有驾驶人多数是理性的，我们也相信这些理性的驾驶人都会遵循大家有默契的规则。如果你是弯道切入车，需要有礼让直行车的动作；反过来如果你是直行车，当看到弯道车排队的情况严重，甚至可多一点同理心，让他们先行进入。这样的共识下，环岛的整体交通就会更顺畅，然后大家都到达了各自想要去的目的地。

企业内大多数的组织架构，都是仿效红绿灯等各类交通信号灯，有严谨的规范，有层层审批授权的组织架构。这个"红绿灯式"传统模式不是不好，而是"环岛概念"的模式效益被轻视了。

环岛形组织的设计，更容易带来高绩效，因为**组织是一种充满不确定性与意外的复杂系统，绩效优异不是员工遵从指令的结果，而是集体智慧与自我调适的结果**。若能创造良好的环境与条件，每一位员工将会在共识之下，通过协作和努力，持续找到方法，达成目标。

我想，这才是企业领导者想要看见的最好结果吧。

PS

由于5G（第五代移动通信技术）兴起，从物联网到车联网的概念不断地向上提升，未来当所有车辆都能联网的时候，可能所有路口都不需要环岛和红绿灯，所有交通工具也会井然有序地运作。套用到组织来说，就是所有人都具有同一种思维和意识，大家都能遵循同一套规则与概念来行动，这种感觉就如同车联网一般。如果你想管理好团队，你会在路口架设红绿灯还是设置一个环岛？

10 从洞见到智慧

> 有智慧的处事行为,那种圆满与和谐,来自行为中的自然呈现,不是我们在说话时妙语连珠、锋芒毕露所能掌握的。

有位年轻朋友问我,如何成为有智慧的人?

我曾听过一个说法,现在信息满天飞,能系统地整理信息,信息才会变成知识。而经过学习和思考消化的知识,能够从你的角度、你的观点、你的嘴巴讲出来给人家听,这就变成了洞见。**但洞见唯有通过亲身经历与身体力行,让自己不只是"说到",也能"做到",那才是智慧。**

每天接收很多信息的人,未必有智慧(看看那些整天在电视机前收看政论节目的人)。相对地,很多很有智慧的人,也未必需要接收很多信息(很多避世而居的大儒、在寺庙中修行的大师,好像也不需每天看报纸、浏览网站)。

把信息经过系统化整理变成我们理解的、有用的知识,这个转化不会自然发生。是需要培养习惯和刻意学习的。一辈子都坐在电视机前摆弄遥控器的人,并不会因为看电视的时间超过常人,而成为一代思想大师,因为这个转化的过程需要投入,需要思维模式的习得,更需要时间的累积。

而知识与洞见的差别,就在于你是否可以表达。在学习吸收之后,能不能把学到的,通过你的表达和语言展现出来,使他人受益。天下最有用的"学",其实就是"教"。唯有确实搞懂了,从你口中说出来的内容,才是你个人的洞见。

前面三个层次(信息、知识、洞见),其实都在思维上打转,**唯独"智慧"这件事,强调的是"行为",而不是只有思维。一个有智慧的人,是从行为体现出来的**,不是光靠一张嘴高谈阔论来呈现的。有智慧的处事行为,那种圆满与和谐,来自行为中的自然呈现,不是我们在说话时妙语连珠、锋芒毕露所能掌握的。

有一句老生常谈:"止谤莫若无辩。"唯有真正身体力行的时候,才能够体会内在真正的含义,做不到"无辩",再怎么说都是没意义的。桃李不言,下自成蹊,就是这个道理。

信息、知识、洞见、智慧,其实我们每个人都在这四个层次中生活着,这是并行的、不互斥的存在。在这几年的学习中,我慢慢地从信息的收集和整理,走向了知识的掌握和洞见的发表（您在看我写的文章，就是一个例子），但是离智慧的展现还有很大的距离。希望每一位好朋友看过这篇文章后，心有所感，都可以思考一下你的生活。期待大家都能让生活"更有智慧"！

> **PS**
>
> 从第一层的信息量来说，现代人每天接收的信息量，和十几年前相较，可能早已是过去的数十倍甚至百倍，但人类并没有真的变得更聪明（生活是真的更便利了），所以从信息到智慧之间，还是需要我们身体力行地去投入、深思，才会有效果！

11 没思考过的知识不是你的

> 你看似学到很多知识,但就像《爱丽丝梦游仙境》里的红皇后一样,看似快速地奔跑、高速地学习,但其实仍在原地,一步都没有移动过!

这几年知识付费平台大行其道,尤其在大陆,有赖于智能手机载体的强大功能支持,患了知识焦虑症的大家,每天活在各式的学习频道里,念念不忘的,就是要让自己更强,让自己成长!

所以诸多知识付费平台真的已经做到极致了!你不知道怎么选?我帮你选。你担心时间少不够学?我帮你标记、画重点。你不想花太多精力投入?我嚼烂了喂你。你连看的时间都没有?我念给你听。

但是大家学了这么多,听了这么多,你真的觉得自己进步了吗?成长了吗?

我听过一个故事,有人借来同学的笔记苦背,考试成绩依然不理想,借给他笔记的人成绩却很好。考差的人怀疑借笔记的同学留了一手,借笔记的同学只冷冷地说了一句话,

"没思考过的知识，不是你的。"是的，这些碎片化的学习都忽略了一个最关键的因素——没思考过的知识不是你的。

因为你所吸收的是一堆结论，而不是推演的逻辑，为了速效，它大量简化了推演的过程，直接告诉你这些人能成功的原因……

这忽略了每个人存在着差异和不同，也忽略了在不同时空情境下，大家面对挑战时的细腻转折与深度思维，结果就好像工厂产出的真空包装一样，这些碎片知识，把复杂的多元问题单一化、简单化，甚至口号化。看似学到很多知识，其实你并不知道它们从何而来，或者这还不能算是知识，充其量只是很多的信息。

没思考过的知识不是你的，这是一个铁律。求知求学，没有什么捷径，都需要深度思考投入，然后实践。

我并不是反对知识付费平台的存在，或是排斥这些善于归纳整理的"统包式知识传递"模式。**我要强调的是，学习一定要经过思考，经过推演，甚至要经过实践，然后建立起自己的学习系统，才有可能真的把这些知识吸收成为自己的东西**，否则，就会像《爱丽丝梦游仙境》里的红皇后一样，看似快速地奔跑、高速地学习，但其实仍在原地，一步都没有移动过！

> **PS**
>
> 很多知识付费平台都声称自己是最好的书童,但自古以来,我们讲得出名号的大儒中,真没见过哪个人是因为他的书童很厉害而功成名就的。要成功,其实没有什么捷径,必须靠自己的投入和努力!

12 先通才，再谈专才

> 这群体育精英，从初中之后就没有经历普通人的校园学习生活，因此少了那个年龄层该有的互动能力，也少了课业学习与探索的能力。

在东京奥运会结束后，中华台北代表队取得了有史以来最好的成绩，但成功的背后，有些地方值得深思。

挚友曾任职于某知名大学体育学系，一次闲聊时谈到了他的特殊经历。某个暑假，他接到任务赴左营训练中心培训选手，希望在两周内为大学生上完一个学期的课程。课程结束后，他总觉得这群年轻人有些特别的地方，但是到底哪里奇怪，当时却说不出来，他就带着这种奇特的感觉完成了任务。

回家后他想通了，这群选手，虽然生理年龄是二十来岁，但是他们的谈吐、思维，却像是十五六岁的中学生，在交流后产生的这种违和感，就是感觉奇怪的原因。

这群体育精英，从初中之后就没有经历普通人的校园学习生活，绝大多数的时间都投入专业运动训练，因此少了那个年龄层该有的互动能力,也少了课业学习与探索的能力。在其他同龄人经历"万般皆下品,唯有读书高"的阶段时,这群体育精英恰恰反过来,变成万般皆下品,唯有"体育"高。**而在这个阶段他们该有的学习成长,成为一名社会公民应该具备的能力,就被剥夺了。**结果,除了少数站在世界顶尖的特例之外,其他选手在退役后,都会面对一个踏入社会血淋淋的考验:除了运动技能,我能做什么?我要怎么融入这个社会?

当然,我们不能只用一两个观点来评断整个体育养成体系的优劣,但如果让年轻运动员在冲刺其专业项目的同时,也能全面性地成长与学习,是否能带给他们更全面的生涯规划?

其实,从企业经营管理层面来说,企业很喜欢任用有体育专长或背景的员工:具有篮球或棒球背景的伙伴,往往比一般人更懂得分工合作的团队精神,而有出色的表现;跑马拉松或参与铁人三项的同人,常常有更优于常人的自律能力和纪律性,从而能取得卓越的成绩。但残酷的前提是,这个年轻人必须先具备通过基本门槛的能力,才能取得培育潜力的资格。先通才,再谈专才。

> **PS**
>
> 美国的教育体系是没有体育班的,所以我们认识的飞天遁地的美国运动健将,都不是"体育科班"的学生(迈克尔·乔丹是北卡罗来纳大学地理系毕业的),他们多数接受过相对完整的基础教育(在美国,成绩不好不能参加校队)。或许这也是西方的运动员在媒体采访时更能侃侃而谈、言之有物的原因,这点值得我们思考借鉴。

13 虚拟人生

> 如果有一天发生了意外，让你一无所有，回到原点，到底什么是你最珍惜的？那些得不到的、放不下的，都真的那么重要吗？

我的老爸，集团董事长，是一位很有智慧的企业家，他的幽默智慧和总经理老妈的强大执行力，形成一种高度的互补；两位创办人的个性，也形塑了旭荣集团的文化特色：轻松自在却关注细节，开朗乐观但重视绩效！

很多认识老爸的朋友常常跟我说，老爸根本就不像他那个年纪的人，他的外形、行动能力、做事风格和气息，常常会让人误以为他比实际年龄年轻十五岁！他有很多有创意的想法和做法，甚至是我们年轻一辈想不到或是做不到的。

有一天，老爸在吃饭的时候，讲了一个我和老妈都没听过的故事。他在前一阵跑到万华龙山寺附近，去体验"一日街友"（对"无业游民"的和善称呼）的生活。他并不是参加什么网络上的行程，只是换个穿着，调整心情，扎扎实实地去体验街友如何过日子。

他在公园里,和街友们混在一起,不懂就问(老爸本来就很会聊天),大家做什么,他就做什么……就这样过了一天。我问他中午吃什么,他说刚好当天有人来布施还愿饭。龙山寺附近有很多餐厅都有这样的服务,若大家到寺里许愿成功,等到还愿的时候,就去旁边的餐厅说明你要订还愿饭,还可以指定天数、品种等等,附近的街友就可以享用这样的服务。

我问老爸为什么这样做,他说自己其实在想象一个"虚拟人生"。人生很多时候会有一些过不去的关卡,要么得不到,要么放不下。其实,如果有一天发生了意外,让你一无所有,回到原点,到底什么是你最珍惜的?那些得不到的、放不下的,都真的那么重要吗?他就是通过让自己真的变成一个街友,去感受如果真的一无所有,要怎么过人生,然后回到自己本来的世界,对很多事情的看法,或许就会更透彻。

到了晚上,在离开他坐了一天的座位时,通过一位刚刚聊天才认识的来布施还愿饭的人,由老爸付钱,请他帮忙再多订几天的还愿饭,分享给诸多街友。

虚拟人生,或许也是一个我们遇到困难、心结的时候,可借以作调整的思维方式和解答吧!

PS

一、每位街友其实都有自己的故事与遭遇,人生见识未必在大家之下,欢迎大家做好事、广布施,但请不要忘了人与人之间都需要最基本的尊重。

二、听完老爸的叙述,我悠然神往,对同桌吃饭的老婆说:"如果有机会,我也想去试试做个一日街友!"老婆打量了我一下,一边夹菜,一边淡淡地说:"台北的街友没有你这么胖的,你这种身材,怎么看都不像……"

Part 2

【经营管理篇】

成长的飞轮

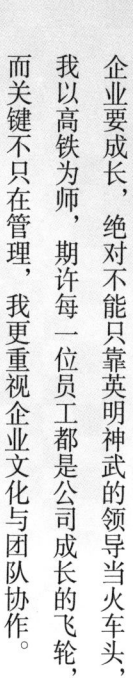

企业要成长,绝对不能只靠英明神武的领导当火车头,我以高铁为师,期许每一位员工都是公司成长的飞轮,而关键不只在管理,我更重视企业文化与团队协作。

14 火车还是高铁？

> 为什么高铁跑得比普通火车快？因为普通火车只有车头有动力，而高铁是每节车厢都有动力，全部轮子动起来一起跑！

鼠（2020）年开春，新冠肺炎疫情扩散，许多地方纷纷封路封城，公共交通停摆、专机撤侨。电影情节真实上演，各地戒慎恐惧，如临大敌。

我服务的旭荣集团母公司，每年都会在农历新年前后召开策略大会，请全球副理级以上的同人及各功能性主管来台与会。除了业绩检讨之外，也共同讨论决策来年的战略规划。而2020年也是公司创立四十五周年，原预计宴请超过一千名宾客共襄盛举，时间点也恰巧落在这波疫情扩散的高峰期。

这可能是我这几年遇到最两难的决策，一边是筹备多年的大会，就等着这一天精彩呈现。

另一边却是不可测的病毒迅速蔓延，速度及严重性远远超过先前的预测及想象，而我还要冒着风险，召开这个会议吗?

最后我们拍板决定,庆祝晚宴取消,会议改在线上进行。

虽是新年假期中,但总管理处的工作小组立即启动。负责筹备策略大会及周年庆的工作团队快速反应,改为筹划线上会议,各单项负责人皆在我下达指令前,都预先拟好方案,再呈交决策。第一时间先确认所有来台同人干部调整行程,断然取消来台。两天一夜的策略大会则缩小规模并更改地点,重新规划流程,只留必要主管报告。宣布千人聚会的四十五周年庆延期举办,并在最短时间内,拟定所有对外回应与公司因应措施,让一切不确定性降到最低。

计划赶不上变化,是我这几天来最大的体会。但通过大家的用心与协同努力,降低负面影响,却是我们可以把握的。由于产业的特性,我们需要在全球投资,常常要面临某国政治动荡、工人罢工,甚至战争、海盗侵扰等突发状况,所以在这十多年中培养了一身管理技能。"危机管理"是每位企业管理者都要有的思维,这需要承平时期的演练,高度的团队协作默契,与当责者主动积极的态度,绝非一朝一夕之功!

商场如战场,要打赢一场伟大的战役,绝对不能只靠英明神武的将领统帅,其关键更应该依靠每位冲锋陷阵的军官士兵、高效精准的后勤补给和高昂的战斗士气。这是企业文化与团队协作磨炼出来的成果,在本次危机处理中充分地得到展现。除了深怀感激之外,我也愿给予企业内负责相关事务的所有伙伴高度赞赏。

> **PS**
>
> 为什么高铁跑得比普通火车快?因为普通火车只有车头有动力,一个车头拉着各节车厢跑。而高铁是每节车厢都有动力,全部轮子动起来一起跑!如果你的公司运转起来是高铁,而不是普通火车,跑的速度就一定比别人更快。因为挑战,让我们更珍惜彼此。

15 狼与哈士奇

> 商学院训练出来一批又一批的"哈士奇",大家长得很像狼,但都不是真正的狼,没有真正流着狼的血液。

日前我在一个聚会上遇到老朋友——认识了二十几年的卢希鹏教授,他的智慧话语让我在每次的交谈中都收获颇多。我们谈到第一代(创业者)与第二代(接班人)的差别,他提出一个很有趣的比喻,创业家就是狼(我想到华为的任正非),而很多的接班人,其实不是狼,而是哈士奇!

哈士奇长得像狼,但它的习性和生存模式完全不是狼的。你如果丢出一根棍子,狼理都不理你,但哈士奇可能就会冲出去,摇着尾巴,然后用嘴巴衔着捡回来,**因为它们都已经受过"MBA"(工商管理硕士)的训练了**。

大多数接班人都有学习外语等经历,但其本质就是商学院训练出来的哈士奇,听指令办事,受制约行动,做事情都是有 SOP(标准作业程序)的,因为主人有训练、有交代。但如果把一群哈士奇放到野地里求生,遇到一群真正饥饿的狼,可能三两下就被当大餐吃掉了。

但哈士奇也不是一无是处。一般来说，哈士奇经过人类的驯养，能拉雪橇，能看门，能合作、集体行动。但是狼不行，狼能够基于狩猎及生存本能来团体行动，要叫它去拉雪橇、看家门，那是万万不会，**这是血液中的本质问题，基因的问题。狼本来就是要杀戮猎食求生存的，不会狗摇尾巴服务主人那一套，你硬要狼去拉雪橇，搞不好它先咬的是你！**

我们的商学院训练出来一批又一批的"哈士奇"，大家长得很像狼，但都不是真正的狼。只是继承了老祖宗给的那个外貌，却没有真正流着狼的血液。如果你问我，到底它们谁能在未来恶劣的国际竞争局势中披荆斩棘、攻克难关，好像狼的胜算稍微大一些。

无论是狼还是哈士奇，面对险恶的环境，大家的共同目标都是要活下去，桀骜不驯、孤芳自赏也好，团队合作、抱团求生也好，只要你能活下去，就是有本事！

至于你是一匹荒野战狼，或是一只长得像狼的哈士奇，似乎不是那么重要了。

PS

我常常在思考，如果我是一个自诩为"创二代"的1.5代企业家，在既有的基础上再突破，那我到底是一头像哈士奇的狼，还是一只像狼的哈士奇？

16 给企业第二代的祝福

> 由于知道有老人家盯着,所以我构思及策划所有要推动的制度、要执行的政策,一定会反复思量。为什么我会想这么多?归根到底,还是怕被骂。

一位我很尊敬的长辈曾语重心长地说到一件事,他说:"你知道吗?其实在做事情的时候,有人骂,是一件好事!"这位长辈说道,因为他父亲很早就不在了,他很早接班。年轻时,就是因为没有人管,所以说话做事,有时候就太野了;现在年纪大了,回想起来,很多过去说的话、做的事,有时候都太冲动了……

年轻时听到这席话,似懂非懂,没办法有太多体会。这几年,经历的事情越来越多,回头才想起这件事。很多企业第二代经营者最不喜欢听到老人家的唠唠叨叨。由于老人家的观念不同,他们指正甚至开口骂人,这一切,其实都是送给第二代企业家的祝福。

对我来说,因为我会考虑老人家的想法,所以对任何投资机会,我都会非常谨慎,甚至宁愿不出手,也因此在过去十多年,不知道避开了多少投资地雷和陷阱。

因为考虑老人家的感受，即使看到很多喜欢的东西，只要价格略高，我宁愿不买，因为怕被骂；久而久之，我就学会了克制自己的物质欲望，慢慢地，也觉得生活好像其实挺简单的（因为老人家过得就很简单）。吃照吃，喝照喝，就算看着一些朋友有较高标准的物质享受，我也不觉得有所匮乏，因为我已经习惯没有这些东西的生活，甘之如饴，也自由自在。

由于知道有老人家盯着，所以我构思及策划所有要推动的制度、要执行的政策，一定会反复思量、深度思考，确认这是最符合大家利益的最优决策，而不是横柴入灶、不接地气的办公室政策。为什么我会想这么多？归根到底，还是怕被骂。

其实，"怕被骂"，代表的是一种祝福，因为**知道还有一个力量凌驾于自己，所以我们会谨慎，会敬畏，会谦逊，而不是过度放大自己，目空一切，忘了我是谁**；让我们敬天畏神、战战兢兢，让自己谨慎、不放纵地过生活、做工作。而**这个"谨慎不放纵"，不就是最好的祝福吗**？在生活上谨慎不放纵，我们会身心健康；在工作上谨慎不放纵，我们会用心经营，全力以赴。这是很多初代创业家享受不到的一件事。我真心觉得是一种祝福，你认为呢？

PS

其实我最想表达的观点是，换个角度看事情，真的很多感受都不一样！

17 成为高层主管的教练

> 我是庙祝,经理人就是庙里供奉的菩萨。佛教圣地香火旺不旺盛,关键是菩萨灵不灵,而不是庙祝能不能干。

从我知道工作职责就是经营管理的时候,我就不断思考:我是谁?我该如何领导这家公司?我能带来的价值是什么?

最好的学习从模仿开始。我阅读大量管理书籍,但觉得这些大公司 CEO 的故事,每个都离我好远。我能做事,但不认为自己拥有 GE(通用电气公司)前 CEO 杰克·韦尔奇(Jack Welch)般的卓越能力,能带领一家公司突破逆境,成为一代传奇。我虽不笨,但也不认为自己绝顶聪明,能像史蒂夫·乔布斯(Steve Jobs)一样洞悉事物,进而颠覆产业、创造未来。诸多经营者都是雄才伟略,一言定江山。但我知道,我不是。

我真的不认为我的个性适合那种领导风格,连模仿都太勉强,那我该如何定位自己在公司的角色?

找个机会，坐下来静静地分析一下自己吧。**我擅长沟通表达，有同理心，能倾听他人说话，也善于激励他人，那我就把自己定位为公司高层主管的教练如何？**

我召集大家讲故事，说我们公司就像是一个佛教圣地，山上有很多庙宇，庙里面都有菩萨。我是庙祝，负责这座山头的建筑维护、洒扫清洁；而诸位高层专业经理人就是庙里供奉的菩萨。这个佛教圣地香火旺不旺盛，关键是菩萨灵不灵，而不是庙祝能不能干。当然，我这个当庙祝的不会偷懒，该做的分内事，一定尽心尽力做好，但是最关键的，应该还是看菩萨的表现呀！

我这庙祝就是各大菩萨的教练和顾问。教练并不是答案的给予者，而是帮助大家找出答案；教练也不是问题的解决者，但是我会协助大家发现问题并解决问题。简而言之，**教练的职责就是协助大家，成为一个更好的自己！**

唯一要注意的是，"你永远叫不醒一个装睡的人"，如果发现有高层主管一直"装睡"，那我们就需要动用老板所拥有的权力来予以汰换了。如果老板是公司最后答案的提供者，终究有一天，公司的规模将大过老板能回答的能力。但如果老板是高层主管的教练，而且能通过影响力，让更多的人成为他人的教练，那么公司的领导与管理决策，就永远不是个问题。角色定位,存乎一心,很多事情也许简单,但绝对不容易!

> **PS**
> 虽然那些伟大的故事离我很远,但是大量阅读相关书籍,对经营管理真的是有帮助的。

18 交代事情的五个步骤

> 当你想要交付任务或是授权他人时,一定要经历五个步骤:一次说明加四个问题。教练之道无他,提问而已!

我个性开朗活泼,所以很多朋友觉得 Sunny 如果执行项目办活动,应该是一种比较不拘小节、大开大合的模式。但是跟我合作或一起共事后,很多朋友会对我做事或带团队中交付任务时追求细致和重视沟通细节,感到十分惊讶。因为有时我想到的,比一般人要多很多!

有人询问我在带团队或执行项目时有没有什么心法。对于这个问题,我觉得最有效果的心法,就是养成"交代事情五步骤"的习惯。

这并不是我个人什么了不起的发明,早在数年前,诸多著作谈日本人的领导哲学时,就已经多次提出这一做法。但还是老问题:很多好的想法或理论,知道与做到,完全是两码事!我很信奉"交代事情五步骤"的思维,所以我在交付任务给伙伴时,基本上都是沿用相同的脉络。

一件事情，当你想要交付任务或是授权他人执行时，一定要经历五个步骤：一次说明加四个问题。

一、你先清楚说明交付的是什么事情。（这是讲解，不是提问。）

二、询问："刚刚交付的是什么事情？"（确认对方听清楚了，没有误解、不会误判，而且没有听错。）

三、询问："你明白我请你做这件事情的目的是什么吗？"（确认对方清楚目标，只要目标清楚，在做决策时，就不容易偏颇。）

四、询问："这件事在执行时会不会出现什么意外状况或问题？如果有，你的应对方案和计划是什么？"（思考预备方案，以确保任务更万无一失。）

五、询问："从你的角度来说，有没有什么想法或建议，可以让这件事情更优化？"（让执行者躬身入局，这不只是我交代的任务，更是你的责任，因为你的投入而执行得更好。）

绝大多数的老板或主管交代事情，可能做完第一项就结束了，而且有些比较有官架子的主管，还会语带恐吓地说："这件事情不要让我说第二遍！"

为什么交代事情要有五个步骤？因为如果下属执行过程

中出现问题时，他的主管可能会问："是谁授权（容许）你这样做的？"讲真的，如果在这样的环境下工作，再怎么有抗压性的同人，我想都会待不住。但如果你的伙伴，每次被交付任务时，都被你一件事训练五次之多，随着时间累积，任务经验增加，在你的领导下，他应该是越来越聪明、越来越强大。教练之道无他，提问而已！

> **PS**
>
> 天下没有完美的事物，"交代事情五步骤"有没有缺点？当然有，就是人家嫌你啰唆。啰唆的定义是什么？其实也很简单，就是人家不想听的时候，你硬要讲……

19 修正比决策更重要

> 过去收集信息做决策的能力已经不再重要，真正的关键在于，能不能快速地下决定，然后依据环境变化迅速调整修正。

十几年前，我们有一批货在非洲加工。一天，我接到加工厂老板的电话，告诉我们下个月薪水他发不出来，我们有两条路可以选，第一条路是工厂倒闭他"跑路"；第二条路是汇五十万美元过去，厂卖给我们，他替公司打工，然后我们变成这个非洲成衣加工厂的新老板。

他给我们两天时间考虑，公司总经理——也是我亲爱的老妈，其实没想几分钟，就拍板说我们买了！接下来的数个月，就派员前往非洲去大刀阔斧地整顿调整。几年后，这个非洲工厂已经成为公司成衣事业体的主力产区，员工数千人，还代表工厂所在国去参加国际质量奖的全球评选，我们成为非洲专家了。所以每次有人说我们投资非洲真是雄才伟略、眼光宏远的时候，我都只能苦笑以对，还真的不知道该说什么。

念商学院一定会被教导，如果进行并购，一定要先有实地查核、债信调查等动作，但在做这个决策时，我们对非洲根本就一无所知，就只是赌一把而已！

我把这个例子用 MBA 的个案管理思维做成 case（案例）讨论，亲身体验那个情境。但我发现，在同样的情境下，我根本无法做出一样的决策，这太需要个人特质了！对老妈——总经理来说，她拥有第一代创业家的拼搏战斗精神；但是对我来说，我会先虑败，再求胜。我根本不会做太冒险的事！

过了几年，当经验变成智慧，我得出新的答案和解释：**其实最关键的能力，并不是你做决策时思考的决断力，而是在做出决策后，能调整并快速修正的执行力。**

现在环境变化太快了，过去所谓的对，极可能是未来关键的错。一个新技术或新事物的发明，就会把一个产业的旧游戏规则给颠覆掉。在这样的情况下，过去收集信息做决策的能力已经不再重要，真正的关键在于，能不能快速地下决定，然后依据环境变化迅速调整修正，这才是王道！

回到文章开头谈的那个故事，如果当时需要我拍板，不论那个厂我们有没有买，公司都会继续往前走，买了就去改善,没买的话另起炉灶,只要修正速度够快,我们就不害怕面对危机,不是吗?

> **PS**
>
> 在买下那个厂之后,我们在里面发现了一位毛里求斯籍的年轻人,其管理经营理念和我们的不谋而合,我们便让他担任管理职位,协助整顿。数年后,我们成为非洲纺织服装类的最大台商,而那个年轻人现在是带领团队一路成长、功不可没的非洲区副总。

20 去河马咬人的地方

> 对文化差异的尊重,是一家企业真正国际化的关键!

刚从非洲回台。这次(2018年)世界纺织成衣大会在肯尼亚的首都内罗毕召开,刚好是我公司非洲产区的大本营,本次大会我公司等于是半个主场。来开会的两岸代表团在行程安排上都要求参访我公司的非洲工厂,我亦受主办方的邀请,在本次会议中代表中国台湾,分享在非洲的成衣厂投资管理经验。

肯尼亚最近很红,除了知名的动物大迁徙,就是之前河马咬人的新闻,让这个国家的知名度瞬间暴增。为何这次会议选在非洲召开?

此地正值经济的高度成长期,每年经济增长接近或超过两位数,比起发展中的东南亚不遑多让,让诸多的资金及资源都涌向这片过去以贫瘠和战乱著称的地方。

在其他国家投资盖厂这么多年,我学到的是要越来越谦卑。我们来投资,是希望借由他们国家的相对优势(常常是廉价劳动力或关税优惠),来提升我们在全球市场的竞争力,我们不要觉得自己是投资方而高人一等，也不要觉得我们拥有资本就是老大，而应认为是互惠的。过去的我，如果讲到当地化，常使用"以夷制夷"来说明我的策略。但**平心而论，为何人家是"夷"？其实这句话本身就带着歧视和自大。**很多时候这样的心态，就是造成这些国家出现罢工潮与劳资纠纷的重要原因。

对文化差异的尊重，是一家企业真正国际化的关键！我在论坛上对数百位国际纺织成衣界的经营者提出呼吁，我不确定能影响多少人，但是只要有一个人愿意听进去而做出改变，那就值得了！

> **PS**
>
> 两岸近百人大团来参观工厂，说我肯尼亚厂六千人，居然一个中国人都没有，好厉害！其实我反而觉得一个都没有才合理。我派一个人过来，薪水高、不稳定，英文不够好，三天两头想回家。我训练一个非洲的年轻人，做事认真、拼命肯学，不只是习惯当地文化，用人成本还更低，当地化是多么合乎逻辑的事情！那为何大家做不到？可能是老板们常常心魔作祟，老觉得"非我族类，其心必异"罢了……

21　非洲同事的礼义廉耻

> 领导与管理，其实就是逻辑加常识，每种文化都有其底蕴和特色，但贯穿这一切的，其实就是人跟人之间的基本尊重。

我服务的旭荣集团，从事的是针织布料制造和成衣生产。由于产业特性，我们这些年来全球布局，最远到非洲都设立了工厂，相信看过我文章的朋友可能读过那些设厂时惊心动魄的故事。

几年前一次去非洲巡厂时，刚好偕同当地主管逮到一个工人偷窃，我们对他进行了处罚（处罚就是依据厂务法规公告罚款，非洲拥有较为先进的劳动法律，是不可能动用什么私刑的）。隔天一大早，这个工人看到了我，冲过来大喊一声"Good morning, sir"，然后要拥抱我。我愣了一下，还是接受了他的拥抱。若是在台湾，如果你前一天被老板捉到偷东西，隔天看到老板，应该会遮遮掩掩，躲闪都来不及，搞不好被捉到当天就提辞呈了，怎么还会跑过来要拥抱？我忍不住问他是怎么回事。

"Boss,你昨天抓到我偷东西,也处罚我了,对不对?我们应该是两清了。Today is a whole new day,你为什么还一直活在过去呢?"他用英文回答我。当下我真的是被教育到了。这个行为在台湾搞不好会被解释成不知羞耻、不要脸。但是这后面所具备的思维,搞不好比我们想的先进多了。

在儒家思想的教育下,我们谈传统文化中的四维八德、三纲五常,你犯了错,基本上你就是戴罪之身,所以请你在行为上、心态上,都要显露出这个戴罪之身的样子!但是在西方,大家谈的是合约精神、公平正义、在商言商、人权平等,我昨晚偷东西被抓,你惩罚了我,所以我们现在是两不相欠,在法理上是一比一,我已经弥补了错误。

设想如果是一个台湾干部过来管理这些工人,真的可能会因为文化的差异而水土不服,甚至引发暴动。在获得这个经验后,我们有计划地让非洲的管理当地化,到现在,几乎没什么台湾主管在那里了。非洲厂自治、聘用当地人担任管理职位,而非洲厂生产在当地也能够因地制宜。在良善的管理下,订单生产及业绩也蒸蒸日上。

领导与管理,其实就是逻辑加常识,每种文化都有其底蕴和特色,但贯穿这一切的,其实就是人跟人之间的基本尊重,你尊重别人,别人就会尊重你;你高高在上,别人就会找机会反抗。很多人问我境外设厂管理之道，其实就是这几句话而已。

> **PS**
> 那个非洲工人在前一天被处罚后，隔天看到我还想拥抱我，可见我平常对人真的还算不错吧。

22 别高估了人性的善良

> 我们不能期待人性善良高贵的那一面会自动在企业中发挥作用，这需要有好的制度，有好的强制力量介入，才能产生良性循环，自然而然形塑出好的文化。

俄乌冲突，大家因此了解两国人民数百年来的恩怨纠葛，更深深感受到"族群融合"的不容易！

在一场演讲中，新加坡前副总理尚达曼先生（印度裔）提道：新加坡是一个多元文化、多种族〔华人（占逾70%）、马来人、印尼人、印度人及其他〕国家，所以**政府明确规定，每一个社区，其居住的人种比率，都会有一定的限制。**政府部门用二手房的买卖作为管制，一旦这个社区的特定种族配额满了，房子就不能再卖给该种族的人。如此，每一个社区都强制性地确保了种族的多元性。

小朋友每天上下课，大人每天上下班，会和不同种族的人接触，邻居街坊，就是一个社会的缩影。在这样的模式下，我们不能说因此没有富人区或贫民窟，但至少没有像欧美那样的"纯白人区""纯黑人区",这是确定的。

近年来,全球各地因种族歧视,发生不少冲突攻击事件,但新加坡却没有传出类似状况,尚达曼先生认为这并非新加坡运气好,而是**通过制度,改变了文化氛围**。虽然有人批评这种制度限制了部分个人自由,但从结果来看,是利大于弊的,因为每个人从小都被"强迫"接受多元社会存在于自己身边的事实,久而久之,就形成多元文化的价值观。

其实,公司治理在某种程度上也是一样的概念,我们不能期待人性善良高贵的那一面会自动在企业中发挥作用,这需要有好的制度,有好的强制力量介入,才能产生良性循环,自然而然形塑出好的文化。所谓无为而治,看似很简单,但要得到好结果,是需要前提的。**就像利润中心、阿米巴式经营法,如果没有搭配协作的文化,公司就会分崩离析,每个人只顾自己,将让企业无法高效运作。**

利大于弊就是利,每一个制度在推出后,所有的利害关系人都会与之博弈,找出对自己最有利的生存点。人都有私心,趋吉避凶、向高处爬、择群而居,甚至区分敌我,这都是再自然不过的选择。身为经营者,在掌握人性与定下合理制度间,要找到平衡点,做出正确的管理抉择,设下那条线,这是每个老板要面对的关键课题。

> **PS**
>
> 在不要高估人性善良的同时,也不要低估了人性的光明与伟大。在这次俄乌冲突中,通过报道,我们看到很多舍己为人的牺牲,或是令人动容的故事。就因为人是如此复杂多变,这世界才这么多元而有趣,不是吗?

23 面对挑战，才能激发无限可能

> 对企业最高领导来说，除了防疫的"防守"布局，更重要的是主动"出击"，创造团队积极正向思维。

2021年5月，台湾地区新冠肺炎疫情进一步加强管制，冲击了每个人的工作、生活和社交。除了餐饮服务业首当其冲外，一般公司的管理挑战也立即显现。在这种情况下，我将最大的决策权下放给第一线部门主管（一般来说是经理职位），包括A、B班分流，在家工作的申请和执行，防疫照护假的协调等，**让听得见炮火声的人来做决策，让最了解现场的主管成为资源分配的关键人。**

过去一年，我们为了今天发生的各种可能进行演练，为了实现在家工作，盘点软硬件资源，整合公司内外部系统，甚至进行进阶版的教育训练、状况模拟及压力测试。这些超前部署，如今都派上用场，让我们在面临挑战时，公司依旧持续顺畅运转。

对经营者来说，**新冠肺炎疫情创造了过去想象不到的弹

性与可能：原来各部门可以用这样的方式来工作；原来企业并不一定需要这么大的空间；原来过去必要且不可避免的出差支出，其实只是经营者自己放不掉的假设！

这些都因为疫情改变了我的认知，突破了我的极限，让我知道企业的运营还有如此大的空间与新模式，并重新盘点企业的资源。

在最能确保同人健康安全的前提下，各部门主管必须思考怎样用最有效率的方式，让部门功能顺畅运作而不"开天窗"。企业对外的公关及营销部门，必须及时提供给客户及伙伴最新的生产与公司信息，用正确且实时的透明信息换取信任。一样的产业挑战下，面对一样的困难和问题，你做得比人家好，就能借此拉开差距，更上一层楼！

对企业最高领导来说，除了防疫的"防守"布局，更重要的是主动"出击"，创造团队积极正向思维。疫情一扩散，我们立即搜寻并选择合适的防疫险替员工加保，告诉大家就算你有状况，公司也会提供坚实的后盾，让你无后顾之忧。集团管理部门每日定期整合正确信息，用正面激励的消息来鼓舞同人，提升士气。

在最黑暗的时候，领导就是那道光，当大家在集体焦虑

时,要带来正向能量,才能赢得挑战。这就是企业面临危机时,领导最重要的自觉和责任,因为要打赢这场仗,不能只是一个人成功,而是要一群人成功!

PS

疫情终究会过去,我们真正要面对的,是人心因未知而产生的恐惧。你是能带大家渡过红海的摩西还是名不副实的伪领导,此刻见真章!

24 "双轨制"组织管理

> "双轨制"让总公司牢牢抓紧各地分公司的"人""钱""计算机"等关键要素,避免了我们在全球布局而导致的"将在外,君命有所不受"的"军阀割据"情况。

New Wide Way 源自旭荣集团英文名 New Wide Group。"旭荣之道"中提到,我们公司的内部管理制度,有一个非常重要的关键词,就是"双轨制"。全世界所有的旭荣分公司,最高主管的权责,通常由两个人分头负责,一个是行政职位的主管,另一个是主营部门的主管。如果是成衣厂,那就是现场的厂长(负责生产制造等厂务工作),还有行政经理(负责行政、人力资源、财务)。如果这个分公司是业务中心,那就是业务副总和行政大主管。

行政大主管,管理总部六大部门:公关、人力资源、网络安全设备、网络系统信息、财务、稽核。

行政管理最高主管,由于每个分公司的状况不同,其职称和职级未必都一样,但是其功能都是类似的。

在体系中,管理六大部门的行政主管和当地的厂长或业务副总是什么关系?我给予一个比较特别的名称,他们是

"**战略伙伴关系**",这六类人和分公司的功能主管的互动,就如同战略伙伴的合作,大家互相协助、互相扶持。

但是,这六大部门的直属主管,是属于总管理处管理,**我们运用矩阵的概念,让各地方的六大部门,既同时对总管理处的大主管汇报工作,也同时和各分公司的主营项目(业务、厂务等)扮演合作关系。**总管理处的人力资源长会统筹各地方的人力资源,并切实贯彻总部命令,统一协调集团的人力资源布局。地方性的人力资源目标和集团一定会有不一样的地方,我们尊重地方部分职权,但人力资源这块一定是不能妥协的。**所有的人力资源资产,不是任何一个地方或分公司的主管所把持的,**这是整个公司的重要资产,过几年,某个年轻人的发展可能性和职位都远在他现在的主管之上也说不定呢。

总管理处 MIS(管理信息系统)和 IT(网信部门),会协调集团在信息管理间的软硬整合,并且可以跨洲跨事业体支援。而总管理处的财务长,会要求各分公司的财会单位独立编制财报,这样我们才能清楚每个事业体的财务状况,一旦发现问题才能够快速反应处理,不会让异常状况发生而使企业失血过多。

双轨制最大的功能就是专业分工,让专业的人才处理专业的工作。直白一点,如果我们一个地方的主管空缺了,我就找这一职务的专职项目人才,其实是相对简单的;如果成衣厂的车间大主管或厂长空缺了,我就去找有能力的车缝[①]管理人才。我如果要找懂车缝、懂管理,还要懂人力资源、懂信息、懂财务,既是专才又是通才的人,但有这样能力的高层人才,早就自己创业去了,哪还需要出来找工作?

所以一旦职位有空缺,采用双轨制的概念,人才比较好找,同时适才适用,也可以起到一个制衡的作用。重要的决策,可以经由不一样的面向来做决定,没有一个人有过大的权力。科长级以上的主管任免,需要通过双轨协调的机制来共同达成决议,如果决议无法形成共识,那再报请台北总管理处来处理。这也是双轨制存在的一个关键原因。**通过系统性的制衡,管理架构本身成为一个可以自身修正的力量。**

双轨制的模式下,最困难的往往是各单位在现场第一线的功能性执行者,虽然在整个制度设计上,他是归总部管辖的,但平常上班天天见面的,却是当地的行政主管。如果行政主管的某些想法和总部不合的时候,该怎么办?

其实,这就要考验文化的整合与年终奖金的发放权限了。我们让地方上的主管参与表达意见,但是对于薪资及年终奖金的考核,原则上还是放在总管理处的大主管身上,**谁有萝卜和棍子,通常谁就有说话的权力和管理的权限**,这是

[①] 车缝,一种缝纫方法。——编者注

千古不变的道理。

平常的横向功能群,是建有通信软件群组的,每月也都会召开横向功能性的视频会议,例如,人力资源部门每个月都会有月会,各公司的人力资源管理部门都会在月会上报告分公司近况,讨论最新人力资源趋势,协调资源分配或是支援的项目进度,最后整理一些需要跨部门协调的重点。

这样的"双轨制"系统建置,让总公司牢牢地抓住各地分公司的"人""钱""计算机"等关键要素,避免了我们在全球布局而导致的"将在外,君命有所不受"的"军阀割据"情况。双轨制的存在,增加了很多折中协调的需要,所以,在这种情境下做出来的决策,未必是一个最佳解,但是我可以保证,这应该是一个大家都能接受的优秀解。

> **PS**
>
> 适合比优秀更重要,这是我们这个行业长久以来的一个概念。某些行业一个天才抵一百个平凡人,但我们这行却需要大量的团队协作才能发挥整体战斗力!很多年轻人很疑惑自己在MA(储备干部)面试时表现这么好,为什么最后录取的不是他,就表明他还没有参透这个道理。

25 "共治"的文化

> 我们追求的并不是卓越超群的强大表现,而是稳定扎实、不会有太多意外的常备状态。

前文谈到在敝公司"旭荣之道"New Wide Way 中非常重要的双轨制,现在再谈谈另一个关键词"共治"。

我在 2004 年到 2007 年,"旭荣之道"塑造成形的时候,参考了各种知名管理系统与运作概念,包括台塑集团创办人王永庆先生所倡导的经营合理化精神、通用电气集团(GE)的人才培育概念,还有丰田的持续改善系统的做法,最后还加入"共治"精神。

在台塑,所谓的经营合理化精神,简单地说,就是管理制度化、制度表单化、表单计算机化。总结起来就是经营合理化,在合理化的过程中,杜绝不必要的浪费,避免"三呆"——"呆人、呆料、呆账"的发生。

GE 的人才培育系统,明确定义:一个主管的好坏,取决于他为公司培育了多少人才,而不是为公司赚了多少钱。在这样的氛围下,整个通用电气公司就会变成一个庞大的人才库与摇篮，每个高层主管都在为培育人才而努力，也视发掘人才、培养人才为志业，这让通用电气公司成为《财富》五百大 CEO 的摇篮。

丰田的持续改善，早在世界享有盛名。我们着眼的是丰田的内部研讨会机制，透过提案和自我学习，让公司及个人的重要议题被深度研究学习，并且发表报告。通过这样的方式，真正实现了"学习型组织"的概念。

一个重大的决策，常常需要在"集思广益"和"因过度民主而导致平庸"之间做出平衡的选择，在这样的情况下，参与决策的人数和层级，都是影响决策质量的关键。共治的关键，是要避免因为一人决策而导致不可补救的毁灭性灾难。再者，由于这些关键决策都有大家的身影，所以在推行时，大家的参与和热情也都更容易有一致的共识和方向。

"共治"所提出最重要的观点就是"稳定"。对我们纺织制造这样的轻工业来说，我追求的并不是六标准差（Six Sigma），如精致工业产品般没有一丝一毫的差错，但"今天一百分，明天八十分"的消极的生产质量，也不是我所乐见的。我宁愿这个厂每天都常态保持八十五分，质量非常稳定，这样才能稳定地创造利润。共治的概念就是为了这样的目的而生。

除此之外，每个地区的最高指导机关，就是当地的经营管理委员会。这个经营管理小组，除了讨论公司的重大经营、采购案之外，最重要的是担负人事任免等职责。在各分公司，某个层级以上的人事任免，一定要通过当地的经营管理委员会决议才能算数。**这样的做法，一方面可避免人事权独大，另一方面也让中高层干部的任免公开并可受公评，在公司治理上增加透明度。**

我们通常会在经营管理委员会下设立一个人事评议会，简称"人评会"。所有人事上的升迁任免，都会由人评会来执行。人评委员意见中，台北总管理处也占了关键一票，而且具有否决权，但是并不会轻易动用。

每一位关键同人的升迁，都会有很完整的SOP（标准作业程序）来检视其过程，并且让当事人充分地陈述与表达，主考官加以诘问和测试，还会全方位地让协作单位对此人进行评分及考量，才会得出最后的结果。由于决策过程完整和铺陈严谨，所以每一位升迁同人的个性及其优缺点，以及后续横向单位该怎么支援和帮助他，基本上都已显露无遗，这也是共治文化所带来的好处。

在共治的精神下，我们做出的最终决策，尽管未必是"最优解"，但应该会是一个"相对较合适解"。在共治的条件和模式下,我们追求的并不是卓越超群的强大表现,而是稳定扎实、不会有太多意外的常备状态。

由于公司全球化运营的供应链及补给线很长,与其追求个别单位的绩效卓越,却起起伏伏,倒不如用一个更稳定的模式来让整个供应链稳定输出、创造价值。我不希望这个全球供应链有太多意外,太多不必要的惊喜,所以我宁愿牺牲一点点的绩效,来换取长期的稳定输出。

在"共治"的精神下,我所挑选的行政管理主管群,以及参与这个经营管理委员会的成员,都被要求有强烈的团队精神和协作能力。这样的概念就不适合单兵作战、英雄主义太强烈的个人特质。而这个挑选主管的工作,是老板和企业经营者责无旁贷的事情。

PS

共治如同股权相当的合伙生意,懂经营真的需要智慧。最关键的概念是"除非伤及企业生存命脉",否则只要做得到,就尽量满足其他大股东的需求。你越让利,让别人赢,这个共治的合作架构就会越稳固。

26 越级报告的迷思

> 越级报告，是传统金字塔组织下的观念，当组织是360度充分平行沟通，几乎不存在"级"的时候，也就没有"越"的问题了。

前一阵子进行公司内部教育训练，一位绩效不错的老总提到"越级报告"的问题。他负责工厂的行政管理，但工厂的中级主管却直接跟总部老板（哈哈，其实就是我）报告工厂管理的不足之处，他认为应该先在厂里商量，再一起呈报，或寻求解决方案。这个越级报告的动作让他很受伤，认为自己的管理能力被否定了。

其实，我在设计公司组织架构时，就已经不存在"越级报告"了。企业内部有周报制度，所有经理级干部都要交周报告，他的直接主管是主要回复人，但是要复印给老板和其他单位；年终时，所有集团同人还要交一封信给公司，由总部人员亲自来收，不经过各地管理阶层转交。这些制度，都是为了体现沟通无层级的精神。

越级报告，是传统金字塔组织下的观念，当组织是360度充分平行沟通，几乎不存在"级"的时候，也就没有"越"的问题了。在传统阶级组织下，管理阶层因层层授权、分层负责，信息流容易被阻断，当有人谋不臧或管理失当时，声音是传不出来、听不见的。所以古有钦差大臣，现有纪委等，专门去各地抓漏除弊。如果组织可以做到高度扁平、全球协作，将传统金字塔组织拆成平面，就如同区块链一样，信息流通无碍，而且不会被篡改，所有管理决策从各地最基层到总部，完全透明公开，可让一家大型的国际企业变成一个反应迅速的有机体，面对诡谲的市场变化、难以预测的"黑天鹅"等，都有更强悍的抵抗力与生存能量。

这也是在"大智移云"（为"大数据、人工智能、移动通信、云端处理"的简称）的新经济下，未来企业的生存之道。企业的经营，就是呼应外在环境对我们的需求，你要比对手更快，你要比对手更能容错，你要比对手更频繁对市场进行测试并且改正！唯有如此，才能让企业永远地往前走下去。

PS

不论你是在上海、非洲还是越南的人力资源部门上班，在我们公司其实你都在同一个部门，只是上班地点不一样。总管理处从人力资源、财务、公关、网络安全设备、网络系统信息等方面，通过科技联结能力，使全世界的同人全球协作，不因地区不同而产生任何信息流、决策流的隔阂。如果组织是这样设计，何来越级报告呢？

27 数字化转型奖

> 旭荣的数字化是由下而上推动的，由于这是全体同人的共识，所以推动时没什么不同意愿的问题，也没什么抗拒的问题。

2019年11月2日，《哈佛商业评论》杂志社举办了第一届数字化转型鼎革奖评选活动，针对数字化转型成功的企业进行评选，总共有二百零五家企业报名参选，我服务的母企业旭荣集团，获得智能制造类的楷模奖。

一般人都给"数字化"赋予太崇高的定义，其实这就是企业要活下去的一条路，或者说是"生存"的关键词。最早这类关键词是"效率""质量"，后来是"创新""速度"，而在这几年，这类关键词变成了"绿色永续"和"数字化"。早上颁奖典礼后，我受邀在午后的论坛分享旭荣数字化转型成功的关键。

我们的数字化工具是自己编创的，因为纺织产业的系统太烦琐，很难有一个套装软件可以全面满足需求。公司后来决定自己编创，成功的关键是我们有别于多数的软件顾问公司，我们不是用"访谈"的方式去了解需求。

之前有著名的失败案例，德国的ERP（企业资源规划）大厂派出原厂工程师来台支援，对使用者做访谈，然后依据访谈结果来写应用程序。因为工程师是德国人，所以这个访谈是先把访谈内容变成英文，再转成德文。我当下听到这样的说法就知道，这个项目应该推进得很辛苦。

在旭荣，我们编创染整系统的相关软件时，是请负责的IT人员亲自蹲点，担任染色科的成员，实际操作，在工厂轮班，当然在公司端我们也要付出相应的报酬和得以匹配的薪资来表示感谢。当软件人员亲自成为操作者，以第一手的方式去了解整个系统是怎么运作时，编创出来的程序工具才能真正能用。

接着主持人问道：当时是怎么定出这个战略的？历经了怎样的过程？其实，**旭荣的数字化是由下而上推动的，我们每七年开一次内部研讨会，是通过公司每一个员工集思广益，思考与研究未来的策略方向，最后总结出来的。这并不是老板雄才伟略、英明神武创造出来的结果。**

老板扮演的角色，只是协助梳理、搬开石头，然后make it happen（实现梦想）！由于这是全体同人的共识，所以推动时没什么不同意愿的问题，也没什么抗拒的问题，我们所需要的，就是专业投入和时间，通过大家的共同努力，达成目标。

主持人最后询问：公司数字化未来面对的挑战是什么？其实答案很简单，我们这行是"打群架"的，单个企业做好没有意义，必须要协同上下游、整个供应链一起转型提升，才能够创造真正的价值。这也是我们正在努力的方向，通过信息分享与建构，拉着供应商一起向前走。或许我们没办法改变产业里的每个人，但就像我同时从事的天使投资一样，只要有"要改变"的起心动念，你就看得见改变，看得见希望！

PS

当时主办单位也同时力邀我报名"数字化转型领袖"这个奖项评选，但我认为，公司的数字化转型，是每一个人努力的结果，这个成功不应该归属于个人，所以个人奖项不符合企业所崇尚的精神，我便婉拒了邀约。讲真的，如需颁奖也应该是颁给执行力超强的总经理老妈，而不是写专栏动嘴巴的我，在此将这个奖，献给所有参与数字化转型的旭荣同人伙伴！

28 为什么你们不上市？

> 道琼斯工业指数 1896 年那时的十二家成分股，经过百年洗礼，全被踢出成分股。所以如果以公司上市是为了永续经营来说服我，真的不具说服力。

为什么你们不上市？这个问题从十多年前旭荣具备上市资格起，我可能已经被问了上百次！多年来，很多证券承销商告诉我，公司上市是为了永续经营；我总是笑着告诉他们，美国道琼斯工业指数，从 1896 年公布后到现在，当年十二家成分股，经过百年洗礼，最后一家——通用电气公司也在 2018 年终于被踢出道琼斯成分股了，而其他十一家当年的超大企业，都已经被扫入历史的洪流中。但是在日本、欧洲，百年以上的私人家族企业却比比皆是，所以你如果以公司上市是为了永续经营来说服我，事实摆在眼前，真的不具说服力。

上市公司与家族企业，利弊互见。上市公司相对筹资容易、知名度高、找人才易，以股票作为激励分红手段，这是近代公司治理上的重要制度。但大家没见到的是，**很多高层**

经理人股票、现金入袋，就选择淡出了，或是为了讨好资本市场，战略决策顾及个人绩效，公司治理变成走短线，而有碍于长期计划的拟定。

重视短期绩效，并非经营者不诚信、不杰出。在巨大经营环境压力下，一旦公司上市之后，要面对诸多的利益纠葛与股东权益，无数的质疑与挑战，可能很多时候连有多数股权的老板都熬不过去，更遑论专业经理人。

当然，所谓上市公司与家族企业并不是光谱的两极端，"上市"两字应该针对的概念是"私有"。通常私有家族企业，决策迅速、股东结构单一，我们所做的一切决策，都是对自己负责，**因为少了股票价格波动和市场的干扰，公司运营能更专心、更看重长期发展，这也是私有家族企业的特色。**

很多上市公司，如果经营得好，还怕别人买公司的股票来抢经营权；如果经营得不好，股价低迷，还要想办法护盘拉抬股价，甚至借钱来缴税，制造假的繁荣景象，这都是为了顾面子做出来的没有意义的事。

我们公司做决策一向比别人快，与其说我们是一个家族企业，倒不如说我们是一个企业家族吧！我们并不是企业服务于家族，而是家族服务于企业。因为我们家的每一分子，都算是称职的企业经营者,也刚好在职位上有所发挥,而形成得天独厚的优势。如同管理与领导,一家公司无论上市还是私有,各种企业经营方式没有最好,只有最适合。

> **PS**
>
> 这世界本来就没有绝对好与坏的事,在承袭父母亲给我的观念里,"赚得久"比"赚得快"更重要!资本财和管理财,我选其中一种专心去做。当然有少数人两种都能兼顾得很好,我也佩服他们的能耐,只是我很认同老爸说的:想领钱,就挽起袖子来流汗吧!

29 你可以选老板，但不需要挑同事

> 选老板很重要，因为他决定了你未来是否能大展宏图；但挑同事，甚至因某同事而负气离职，则大可不必。

我和朋友成立的"识富天使会"，这些年融合了数十家新创公司，我也同时扮演顾问的角色，为新创企业家们传道解惑。有位新创团队 CEO 找我咨询，希望我跟他的手下大将聊聊，这位大将因为人际问题而提出辞呈。我听完前因后果，问这位当事人：你喜欢这位老板吗？他说："我非常欣赏老板，而且真的很喜欢这家公司，但是我跟某某就是没办法相处。"我又问："你觉得某某一辈子都会和你一起工作吗？"他沉默了一下，回答说："应该不会。"

对了，这就是我要的答案。你可以选老板，但不需要挑同事。如果你在一家大企业服务，老板天高皇帝远，和你可能没什么关系；但如果你在一家新创公司，老板（通常是创业者）通常和你命运相连，他的格局、气度、视野，往往决定公司的未来,所以跟对人很重要,千里马需要伯乐,人才需要舞台。

同事则不一样,大家来自五湖四海,不同家庭或教育背景形塑出每个人不一样的价值观(连同父母生的手足都差异极大,更何况是萍水相逢的工作伙伴)。在职场如果能遇到肝胆相照、相知相惜的伙伴,那真是天上掉下来的福气;但不论何种环境,总会有几位不是那么合得来的同事,这绝对是办公室的常态。**职场生涯就如同一趟火车旅程,每个人上下车的站点不同,有人早下车,有人晚下车,只有极少数人会和你一起从头坐到尾!**

选老板很重要,因为他决定了你未来是否能大展宏图;但挑同事,甚至因某同事而负气离职,则大可不必,因为他和你可能只是短暂的交集,也许他先离开,也许你表现杰出,成为他的上司。未来有太多变化,同事只是人生的过客,合拍则多多交流,不合拍就保持工作往来即可。

听完我的说明,那位大将打消了离职念头,在工作上发挥得非常好;而那位和他合不来的人,则因为人际方面的障碍,一段时间后就自请离职了。

**人生的竞争,其实就是观念的竞争,一念之间,天差地别。当你观念正确,往往天助人助;观念不正确,就会离目标越来越远。与大家共勉之。

> **PS**
>
> "你应该要选老板,但不用挑同事。"这句话其实是我那位有智慧的老爸传授的心法。老爸提到,在发生事情的当下,你就把思考的时间纵轴拉长,用五年后的你,甚至十年后的你的心态来回头看现在,很多时候,答案往往就很清晰了。

30 不要急，不要怕，不要停

> 不要急，因为急不得；不要怕，因为你没什么好失去的；不要停，因为哪怕你的生命在向上提升的道路上终结，不也是一种福报吗？

在我服务的母企业旭荣集团，2020年庆祝成立四十五周年的前夕，我特地引进了一套新的教育训练机制，让公司的氛围发生了根本性的变化。

过去公司内部所有的教育训练，都着重在知识性、操作性、实用性的方面。用比较浅显的话来说，我们真的是冲锋陷阵的勇士，可以在最穷山恶水的产区投资，克服万难、创造绩效。我们在各种险恶的环境中，打败金融海啸，营收创历史新高，很多人的体会是很强烈的，我们就是一支纪律严明的战斗部队。

当课程的破冰时间开始，课程老师下达指令，请每个人和在教室里的伙伴，尽可能多地拥抱问好。现场伙伴在没有专人指挥调度的情况下，所有人极有共识地快速形成了内外圈两个同心圆，两圈开始向不同方向转动，结果在最短时间内，所有人都互动到了，拥抱到了！事后，课程老师对我们公司极度赞叹，评价道：很少见到这么高效又有纪律的团队。讲几点几分上课，大家都能在数秒之内集合完毕，绝不拖泥带水！

带领这么有纪律的战斗部队，我心里想的却是另外一个层面，完全不一样的方向。在大家效率已接近极致的同时，我们还需要什么？缺乏什么？

我想到的是，一家好的公司，关心的绝对不仅仅是员工能为你创造多少利润，更重要的是他能不能快快乐乐、身心健全，在这个企业中好好地工作生活。

身与心，是大家常常挂在嘴边的，但是要做到"灵"的修养，就真的是很高的境界了。**我希望能让企业成为一个修习的道场，企业内的同事，其实都是同修。**有的人可能需要修炼对部属的转念，有的人可能需要修炼对沟通的换位思考，有的人更有可能需要修炼的是克服对权力与利益的眷恋。而我个人要修炼的不只是经营管理，更重要的是与父母的关系的经营。

人人各有课题，处处皆是挑战。所以我用几天的时间，以全集团分级举办的方式，让大家来探讨一些最根本的问题，引导大家成为一个修习者。课程结束后，我在多数同人身上看到了巨大的转变。

我问老师：对于"在工作道场中修炼"这件事，给大家最好的建议是什么？他只回答我三句话，九个字："不要急，不要怕，不要停。"仅此而已。

> **PS**
> 本次课程的成功举办与推动，我特别要感谢活学文化志业的伙伴，还有我最尊敬的金惟纯老师，当他讲到这三句话时，我感受特别深刻！不要急，因为急不得；不要怕，因为你没什么好失去的；不要停，因为哪怕你的生命在向上提升的道路上终结，不也是一种福报吗？

31 小树市集

> 在经营企业的现场，作为最高领导者，动口批评他人、到处发脾气，真的一点都不算难事！很多时候，我们以为自己全知全能、掌控全局，但知道不代表能做到。

前阵子，我们抽签抽中了小树市集的摊位，这是一个亲子用品二手市场拍卖的摆摊权，一年举办两次。有小朋友的家庭，由于小朋友长得太快，可以把很多已经用不到的鞋子、衣服、玩具等，用便宜二手价卖给有需要的人，循环利用不浪费。另外，我们也让小朋友去帮忙摆摊叫卖，当一下小老板，除了体验做生意的感觉，感受一下怎么摆摊叫卖之外，也有助于建立金钱观念，至少要让小朋友知道，钱真的不好赚！

周末午后刚好是大晴天，上百个摊位就在圆山花博公园的空地上开始整理布置。摆摊前我还在想，趁小朋友都在，我要展现一下自己这个老爸的功力，毕竟常年在外面演讲、分享企业销售经验，还在好几所大学上课，畅谈营销学，对客户服务及人际互动的心理学也自认为是信手拈来，对一些相关知识与概念熟到不能再熟了。

人潮开始聚集，来逛的客人大多是婆婆、妈妈们推着婴儿车或带着小朋友来寻宝。我这时才发觉，平常在课堂上舌灿莲花的那一大套理论，竟然派不上一点用场！面对婆婆、妈妈们的询问，甚至小朋友买东西杀价，我真的是左支右绌、窘态百出！转头却见我老婆，如同八爪章鱼同时服务三四组客人，游刃有余且丝毫不见疲态："这一件是我们在弟弟两岁时买的，当时就是看准了这个材质……""你们也会遇到……问题对不对，所以我后来……那这样，这个应该很适合你。"当真是大杀四方，不断地服务、讲解、成交、收钱，串起整个摊子的现金流！

反观我，除了帮忙开车、搬东西，只剩下大声吆喝，"来啊！来啊！""好货统统随便卖！"在销售的现场，我几乎没帮上什么忙，卖玩具的小朋友可能都比我还厉害。

"闻道有先后，术业有专攻"，摆摊结束后我对老婆佩服得五体投地，更深刻检讨自己动不动就想要"动口"指导他人的习惯。在经营企业的现场，作为最高领导者，动口批评他人、到处发脾气，真的一点都不算难事！

很多时候，我们以为自己全知全能、掌控全局，但知道不代表能做到，如果有机会换你亲自下来做做看，就知道是怎么回事了。

> **PS**
>
> 摆摊结束后，大人们腰酸背痛、身心疲惫。问小朋友对摆摊的看法，却说："我喜欢摆摊，我不累！"是呀，如果你开心地去做喜欢的事情，就不会觉得累，小朋友的回答其实很蕴含哲理，不是吗？

32 让客户赢

> 当你把思维的重心放在自己身上，服务现场所呈现的，就是那些"嫌恶"或是"自我保护"的用语和画面。

认识乔米时尚美学的 CEO 纪英旭已经有一段时间了，在 WorkFace 创业者社群的学习活动中，常常能见到她的身影。前一段时间，在一个主题为"新创企业如何面对疫情的挑战"的在线研讨会里，有别于诸多名校背景的创业者或是有"大智移云"技术加持的新创项目，这家乔米时尚美学属于最传统平淡的美容业，但她们对疫情的应对与看法，给我留下很深刻的印象。

美甲美睫、文绣除毛，这些传统的美容领域，基本上是第二波受影响的服务业，在研讨会中，我们听到的做法多数都是用"折扣"与"活动"等方式来刺激消费，但这位 CEO 提出了不一样的看法：

一、重新检讨服务的流程与 SOP（标准作业程序）。她提到绝大多数的服务业，或是各大饭店的大厅门房，疫情时看到你就要量体温，然后要你把手伸出来喷酒精消毒，但几乎没有人问："您会不会酒精过敏？"而在乔米时尚美学，如果客人过敏的话，店内同人会引导客人去洗手，达到一样的效果，但是多了这句问候，感受真的会相差很多。

二、不靠折扣刺激消费，而是从小成本但符合时势的切入点下手。如果你拉低金额去刺激消费，效果就和做团购一样，当你调回原价，客人就会离开。你做了什么动作，就吸引什么样的客人，所以重点不应该在折扣上，而是应该创造和其他同行不一样的差异。她们在店里制作了很精美的"口罩暂存夹"和"防疫礼包"，只送不卖，成本虽低，但效果奇佳。如果同行的服务都差不多，这个小小的优势就会带来很大的不同。

三、制作视频来说明不是要你消费，而是用专家身份告诉你：你应该注意什么？我们能为你做什么？多数的视频营销都在讲自己服务有多好、设备有多先进，但其实在疫情肆虐的情况下，这早已不是大家关心的重点。她们制作视频，用专业的美容背景告诉你"使用各种消毒方式的同时，如何保护双手"。同时不以嫌恶的方式，告诉体温很高、有出境史等情况的客人不要来消费；反过来，她们已做好了准备，在你最闷的时候，来这里消费，感受放松、快乐，用正面的情绪强化来替代负面的信息传递。

这一切的关键思维,就是"让客户赢",让他觉得来你这里,他受到了重视。这个重视不是用负面方式呈现,更多的是尝试用温暖的切入点,让他感受到被重视的同时,也让他感受到温暖和尊荣。

当你把思维的重心放在客户身上的时候,所对应的呈现就会如此;但如果你的重心是放在自己身上,服务现场所呈现的,就是那些"嫌恶"或是"自我保护"的用语和画面。呈现效果,存乎一心!

在会议现场大家深表佩服。我们常常讲"危机"两个字,危机发生后,有人看到危险,有人看到机会,请问你看到了什么?

PS

我私下请教这位CEO:她是如何想到这些做法的?她谦虚地表示,除了公司有很强的顾问之外,这些并不是原创,她也是到处学习抄来的,"抄一个人叫抄袭,抄十个人叫整理,抄一百个人就叫创新。"这句话真的很有道理。

Part 3

【天使投资篇】

钱也是有情怀的

我先后创立了 WorkFace Taipei 和识富天使会来支持新创领域，但我们的团队认为，天使投资绝对不仅仅是金钱游戏，更需要有利他的情怀，还有对这些信仰的执着。

33 迎接天使投资新世代

> "成人达己"然后"让别人赢",是我们成立识富天使会,走向天使投资的最关键目的。

在创业领域的投资轮次中,早期的"种子轮"及"天使轮"投资,长久以来被视为"死亡低谷",其高阵亡率以及诸多不确定性,为投资人带来很大的挑战。

我的纺织事业在全球业务扩张上有了初步成就之后,2014 年我开始投身新创领域,创立了台湾最大的创业者社群 WorkFace Taipei。起心动念,只是想为促进资源的流动与联结尽一份力,在"德不孤,必有邻"的效应下,WorkFace Taipei 迅速扩张,跨出台北市,在新北、新竹、台中、高雄遍地开花,串联起许多当地的新创资源及创业者。

后来我慢慢发现,其实新创公司最需要的,就是资金和资源,如果我们只提供给大家串联的机会,而少了启动成长的柴火,最后极可能还是陷入毫无进展的境地,大家虽然用微薄的力量让彼此联结,却无法真正将新创提升到下一个层次。

鉴于此，我们再度联结了有想法、有资源、有情怀且愿意投入的一代企业家、二代经营者及投资人，成立"识富天使会"来支持新创领域，用天使投资俱乐部的模式，将资源和资金带入新创产业。

其实采用天使投资俱乐部的形式来合作投资，在美国存在已久。在大陆甚至可以用遍地开花来形容这样的投资热潮。但是在台湾，相对来说比较缺乏系统化、规模化的运作，放眼目前的市场上，还真找不到几个机构能够做好，识富天使会便是在这样的背景下成立的。

与其他创投机构不一样的是，我们本来就有 WorkFace 创业者社群的运营经验，再加上识富天使投资平台的加持，反而很自然地形成了一个前所未有的**新创投资生态体系**，因而能达到过去很多愿意投身于此的前辈所做不到的深度与广度。同时，经过内部讨论，我们也想改变台湾在天使投资或创投界的习惯，用一种不一样的面向与心态，来面对投资者与投资项目之间的关系。

一、对于股权，**我们并不要求换取过多股份**。股权太多就变为联合创始人，但我们只想当天使投资人，而不是联合创始人；我们不管太多的细节，否则投资越多，生活越不快乐，那就太辛苦了。能够做到这件事，关键就在于要放弃

"利润极大化"的思维，而这是一种对基本人性的试炼！

二、我们以"贵人"的概念，来扮演这个角色。比起"钱"，我们更重视的，是能带来关键资源和人脉。所以我们摒弃了传统的导师概念，常态下所谓的导师，是过去数十年战功显赫的"老将军"，用他过去二三十年的成功经验，告诉你未来应该干什么。但是你之所以创业，就是因为看到了不同的未来，看到 something new, something different（新的东西，不同的东西）！很多时候，传统的导师制度，可能让这些过去数十年战功显赫的专家变成了 backseat driver（对司机指手画脚的乘客），让一番美意反而变成了创业的灾难！

我们希望调整路线，让识富天使会的天使伙伴以"导盲犬"的角色陪伴创业者。导盲犬带主人去办事，只有主人才知道要去哪，导盲犬是不会知道的，但是导盲犬却能够带主人过马路，上公交车，躲避危险。相同道理，创业这件事，也只有创业者才知道自己想去哪里，而我们天使投资人只需要扮演从旁协助的角色即可。创业这件事，毕竟是创业团队的责任，主客之分还是要清楚。我们只用问：我可以为你做些什么？然后剩下的，就是创业者去实现人生的奋斗目标了。

识富天使会成立至今，透过平台及联结，我们已经参与超过四十个项目，也联结了全台湾诸多成功的孵化器、加速器与投资平台。最近世界各地印钞救市，资金也需要寻找停泊项目，种种原因相加，造就了台湾新创投资领域的一些新契机。

在这个"黑天鹅"环伺、疫情笼罩的特殊时期，就如同《双城记》开头所言，"这是一个最坏的时代，也是一个最好的时代"。天使投资在台湾面临一个全新的转折点，"大智移云"的新技术提供了动能，新冠肺炎疫情的全面来袭则创造了新场景，而我们天使投资人的参与，就是最关键的催化剂！

"成人达己"然后"让别人赢"，这就是我们成立识富天使会，走向天使投资的最关键目的，天使投资绝对不仅仅是一个资本的金钱游戏。我们相信，除了过人的胆识、识人的火眼之外，更需要利他的情怀，还有对这些信仰的执着。希望借由大家的投入，更能让台湾的天使投资领域再创新局面。还是那句大家熟悉的老话：如果你想走得快，可以一个人走；但是如果你想走得远，那我们就一起往前走吧！

PS

新创圈有一个笑话：一个创业者拿二十页PPT简报去给一位老板交提案，希望他能投资两百万新台币。老板听完后说，那这样好了，你二十页简报跟我要两百万，我给你四十页PPT，你给我四百万好不好？台湾人太务实，市场也不大，所以不喜欢谈理想，只喜欢谈生意，谈很现实的东西。这没有什么不好，但是我想改变这件事，很多事情还是有可能性的！

34 缩小自己，
别做指手画脚的人

> 能够避免变成 backseat driver，最重要的心态就是缩小自己，让别人赢！让创业者赢，不是让自己的自负、自大和让自己爽的心态赢。

相信很多朋友都有类似经历，你在开车，你的伴侣或朋友坐在副驾驶座或后座，他在唠唠叨叨，可能是抱怨速度，也可能是抱怨路线，最可怕的是在通过十字路口时，他会大喊"这里右转"，然后在差点发生车祸的情况下你硬转了过去，他却说"看错路了，是下一个路口"。你很生气地抗议，他却用更大的声音回应你："开车的是你，难道你都不会看路吗？"

英文中的 backseat driver 指的就是手上没握方向盘，但老喜欢对司机下指导棋，指指点点、发表意见的人。有趣的是，通常 backseat driver（指手画脚的人）很少意识到自己是这种人，就好像在副驾驶座的指导员，很少觉得自己啰唆扰人，反之他们常认为自己所提供的是中肯且被需要的建议，无论内容有没有建设性。

在新创领域中，这样的例子更是屡见不鲜，新创业者在成长的过程中，克服困难、披荆斩棘，要面对诸多挑战，所以**传统的导师制会面临一个重大风险：诸多的创业导师或是教练，变成一个抢戏的 backseat driver！**

其实 backseat driver 的问题，追根究底，最关键原因往往是我们过度放大了自己的重要性，而忽略了别人。多数创业者之所以创业，就是看到了现有状态无法满足自己的缺口或痛点，我们可比喻为他是负责开车的人，驶向他判断的正确方向和路线。当然，中间的路径一定会对应环境变化而有所调整，但是这双掌握方向盘的手，一定要很坚定、很确定，才能够驶达他所认同的目的地。

但是太多的创业导师有时会忽略"**对于创业，创业者才是主角**"这件事，因为在过去的众多历练、生活体会、管理心得中，我们不自觉地放大了自己的重要性，认为我们所说的话都是有意义的，所提的建议都是对的，如果对方没有听，那就是他的损失、他的问题。因为这样的心态，而成为 backseat driver，提供过多不必要的建议，增加事件的复杂度，甚至主导项目的发展，轻则反客为主，重则鸠占鹊巢（这种事在大型 VC 投资项目中可说屡见不鲜），本来美事一桩的新创投资，反而成为令人抱怨的遗憾了。

好为人师，乃是诸多成功者的天性。在协助新创的路途上，很多时候"听"比"说"更重要。其实创业者不一定需要这么多建议，他自己知道路途遥远、挑战众多，他需要的，只是精神陪伴与资源支持。

"**别领我行，别跟我走，在我身旁，做我挚友**"，这是我们天使会大家所认同的投资心法。其实，能够避免变成backseat driver，最重要的心态是缩小自己，让别人赢！让创业者赢，不是让自己的自负、自大和让自己爽的心态赢。

> **PS**
>
> 当我看到没结过婚的两性专家在电视上夸夸其谈，年龄没超过六十岁的养生专家露面侃侃而谈，没创过业的管理大师在创业论坛里口沫横飞的时候，或许他们讲述的内容听起来很有道理，但我心里总是想起，两个诺贝尔奖获得者与四个顶级投资高手合组公司，盛大开幕，全球轰动，然后在一年内就宣布倒闭的故事。

35 白手起家的创业陷阱

> 白手起家的创业者一旦略有成绩,有些会表现出强烈的补偿心态,甚至变成"成功暴发户",让自己的学习能力被封印,不再成长。

这几年识富天使会投身天使投资领域,接触了上千个新创企业与无数的创业者,发觉有些创业伙伴会陷入"白手起家的战斗思维"而不自知。白手起家的确令人尊敬,但如果陷入了"这就是他认知的唯一成功模式",就会变成创业的陷阱。因为自己是从地面打滚儿上来的,脚踏实地,却忘了仰望星空,这段创业之路,就会走得异常艰辛。

在创业生涯中,赤手空拳打天下真的非常辛苦,在什么资源都没有的时候,为了生存,奋斗路上受尽冷嘲热讽,白眼没少见过,闭门羹没少吃过,力争上游的同时,也看尽了社会冷暖。如果上天眷顾,加上自身努力,而能存活下来时,有些创业者便会将这些经验,形塑成一种"人生就是一场战斗"的底层信仰。

因为能够活下来、闯出一片天,真的非常不容易,这都是打拼出来的结果，所以部分创业者没有办法放开心胸，或是大方抛弃一些其他价值，因为这刻骨铭心的战斗经验，真的记忆太深刻了。

但从另外一个角度来说，透过自我了解、进而向上提升，所面对的挑战与陷阱，常常就这样出现了。一旦略有成绩之后，会表现出强烈的补偿心态或报复心理，甚至变成一个"成功暴发户"：我吃的盐比你吃的饭多，我过的桥比你走的路多，因为我就是这样干出来的，我这辈子只信任我的双手，其他一切都是假的、虚的。**这样的心态让这位创业者的学习能力被封印，因为自满而装不进任何新东西，让自己不再成长。**

其实创业者在新创企业的不同阶段，会面临不一样的挑战，需要克服自我，才能够向上提升。但白手起家的创业者常常因为战斗意识强烈，凡事必定亲力亲为，不假手他人，因为在他的心中，这是"我要打的一场仗"，无法授权，结果组织不仅没办法扩大，还可能流失人才。

这样的价值观，常常让白手起家的创业者，放不下他身上扛的那把枪，他必须亲自冲锋陷阵去抢山头，通过领导、授权、管理制度的建立，指挥大军向前进攻。随着岁月流逝，创业项目往往原地踏步，或者企业就此走向衰落。

破解之道，就是让自己不断再"修"。这个"修"，不只是修我们与过去的联结，更是修我们与未来的创造。只有不断地修，敬天爱人，才能够真正体会其中之道。从一个人的成功，走向带领一群人的成功。**昨日种种的确造就了今日的你，但今日的你需要放下，再去成就一个更新的你。**

当我们爬得更高时，就会遇到更多背景一样而成功的人，那时候，对于欣赏他人以及自己白手起家这件事，就会有更广阔及不一样的看法。

仅以此文献给所有白手起家的创业者，愿你在人生的战斗之外，亦能不断成长、进步，并且享受这个过程，有圆满的人生。

> **PS**
>
> 无数的书及过来人，都在告诉你创业是件痛苦的事，但如果你能体会其中的乐，路上的风景和一路走来的心情，将会让你的人生有所不同！

36 壁虎的影子——谈"估值"

> 是外在光源照射角度的改变，让物件有了多重变化。从一比一投射的小壁虎，投影成一比一百、威猛硕大的巨龙形象，都可以创造出来！

从 WorkFace Taipei 引进天使创投训练，并成立天使社群后，我接触到很多这个领域的概念。在企业经营层面，我们是有经验的经营者；但是进入天使投资后，我们是初探领域的素人，所以有很多新学到的用词、用语和概念，其中我对"估值"这个概念相当有兴趣。

"估值"这个概念，引发了我的深度思考。过去我们担任企业经营者时，从来没有想过估值的概念，公司赚钱就赚钱、赔钱就赔钱，如果赔到钱付不出来，那就只能收摊倒闭了，还真没有思考过，我做这个生意"值多少钱"的问题。

什么叫估值？如果有人投资你一百万，占你股权的十分之一，这就代表你整个公司估值一千万。如果有人要买断你公司的所有权，就要拿一千万出来。

对于估值的概念，我听过一个非常传神的比喻：**估值就**

像影子，你拿光线照物件的时候，随着照射的角度不同，**影子也会有巨大的变化**。从正上方照，影子几乎等于零；但如果光源从侧面照射，再加上角度及光源的巧妙安排，一只小**壁虎也可以投射成一条巨龙**。

但重点是无论怎么照射，出现影子，制造效果，这个物件本身的长宽高、质量、外形，其实是没有改变的，是外在光源照射角度的改变，让这个物件有了多重变化。从一比一投射的小壁虎，投影成一比一百、威猛硕大的巨龙形象，都可以创造出来！

所以公司的估值，也会随着投资的大环境、氛围而变化。当大家有闲置资金，看到不错的项目，大家都想投资，就如同竞标名酒名画一样，你一言我一语地互相拉抬吹捧，你的估值就会水涨船高，反之亦然。

所以，你看到的巨龙，真的可能只是一只壁虎。在这样的氛围中，很多创业者也是飘飘然，觉得自己身价不菲："我创业这么辛苦，理当值这个价钱。"一些自我感觉良好的创业者，看到自己拥有巨大的估值（其实他从创业至今，可能还没有一个月是正盈利的），真的就以为自己是巨龙了。在诸多场合畅谈自己现在估值多少，预计下一轮募资的时候估值又可以涨多少，这种感觉就像刚刚谈到那条被投射出来的影子巨龙，在演皮影戏给大家看，声光效果和娱乐性俱佳。但是等到拉开帷幕以后，大家才恍然大悟，原来刚刚大阵仗的巨龙，其实只是一只壁虎而已。

创业本身最终还是要回归基本的商业逻辑，收入要大于支出，营收与获利要足以支撑营运，一切不合理的过渡时期，其实也都是为更美好的未来服务，估值只是一个影子，在不一样的时空背景下是会变化的，企业本身盈利的实际能力，往往才是最扎实、最重要的。但如果我们倒因为果，让估值成为被评估的唯一标准，这就好像我们去跟影子巨龙签戏约，而忽略它其实就只是一只小壁虎而已，那面对有去无回的投资结果，也就不足为奇了。

> **PS**
>
> 估值是中性的，没有对错，只有人性的贪婪和不切实际的妄想有对错。估值的存在同时也代表着潜力，重点是你怎么看待它而已。

37 如何当一个好天使？

> 我们将天使投资过程的判断原则，浓缩成十字诀——赛道、刚需、闭环、人剑合一。

天使投资是当红话题，天使轮就是一开始最基本的资金募集。对于创业者来说，在初期只有信念却还没建立什么基业的情况下，有人愿意拿钱出来帮你创业，根本就是天使降临人间般的行善，"天使"一词就是从英文的"angel"来的。用台湾人习惯的说法，就是佛心。在天使轮投资后，如果存活下来，再走向模式验证、产品验证，经过A、B、C轮的历练，走向资本市场或是其他方向，成为一个有价值的企业。

天使有别于一般创投，在于天使更多是个人身份，而创投更多是法人机构。法人机构有其明确的运作模式和获利出场的压力；但天使投资人更多地讲求情怀和信念，或者是对未来有更远大梦想的追求，就像孙正义投资马云的阿里巴巴，就是天使的概念胜过创投。

台湾的天使投资人最常谈的一句话是："人对了，什么都对了！"但有了跨两岸的经验后，我们发觉，人很重要，但不是一切；更发觉不只创业者要接受训练，天使更应该接受训练。一个好的天使训练，不仅包括最基本的怎么看项目、读项目，更重要的是了解天使的知所应为，**天下不知道有多少好事，不是被坏人破坏的，而是被过度热心或是太过执着的好人给破坏的。**

"当天使还需要训练吗？"这往往是一般的反应。这些在产业历练较深的朋友常会觉得，我吃的盐比你吃的饭多，我过的桥比你走的路多，凭着我过去的成功，自然能胜任天使投资人这样的角色。

两岸交流下，由于大陆数十倍的项目数量与资金，以大市场模式形成了一套系统理论，让任何人都能够快速地进入状态，去扮演称职的天使角色，再通过抱团的方式，让投资产生显著效果。这在台湾是比较少见的。

我在体验后，深受震撼，几经思考，决定引入天使投资人训练机制，让台湾有意愿参与的朋友能够组建天使社群，和创业家社群对接，我们的诉求未必是抢时间的比赛 pitch（指新创募资媒合会），或许"陪跑"也是一种能创造价值的概念吧！

我们将天使投资过程的判断原则，浓缩成十字诀——赛道、刚需、闭环、人剑合一。

"**赛道**",顾名思义就是这个创业项目所参与的领域。我觉得"赛道"这两个字,比我们在台湾常常讲的"市场"来得更传神,因为讲"赛道"的感觉带点竞争的效果。

"**刚需**",指的是你的创业项目是不是一个刚性需求,或只是一个可有可无的服务或产品。

"**闭环**",是从英文的"close loop"直接翻译过来的,指的是这一个项目或是创业内容,是否经过封闭式的验证。这是有事实依据基础的,还是一切都只是你精彩的想象与假设?

"**人剑合一**",这个词常在武侠小说中看到,一个用剑高手的最高境界,就是人剑合一,人与剑合为一体,不分彼此。如果放在新创事业评估,就是要很清楚地判断:到底这个创业者和这个项目是不是一个完美的结合?这位有专长、能力、资源、背景的创业者,是否就是这个项目要成长,并且做起来的最佳人选?

经过这四个面向的深思熟虑,再加上对环境的判断及思考,我们才能做出决定,选出我们认同的创业者,并且投资他、协助他成长,让他有机会走向成功。但天时、地利、人和,不论哪个方向出了问题,一个新创事业就此死亡了,这也是屡见不鲜的。回归初心,常保情怀,天使投资真的是很不简单的一门学问呀!

> **PS**
>
> 很多人告诉我,在台湾做天使投资是吃力不讨好的事,就像当时创立 WorkFace Taipei 一样。但我一直坚信,德不孤,必有邻。只要方向正确,不论路再远,我们总会越来越靠近目标!

38 "泰姬陵症候群"

> 绚丽夺目的简报，抵不过"你能否清楚说明商业模式的本质"。一百元钞票设计得再漂亮，还是不如一千元吸引人。

很多产业因疫情被按下暂停键，但在天使投资的领域，却被按下了加速键！我与伙伴们共同创立的识富天使会，到2022年初，已经有360位会员，并融合投资了近五十个新创项目，在新创圈引起热烈讨论，成为台湾最活跃的天使投资机构，各项新创项目蜂拥而来！

最近参加了好几个pitch，看到诸多创业者的简报档案，从图像到文字编排，都做得非常漂亮。但说实话，对已经看过数千个BP（Business Plan，商业企划书）和参与过无数场简报的投资人来说，绚丽夺目的简报效果和文字，还真的不如"你能否清楚说明这个商业模式的本质"来得重要。**你到底想解决什么问题？你想要用什么方式解决？这件事为什么一定非你做不可？你的优势在哪里？**如果能够清楚回答这几个问题，被投资人认可的机会才高。

多数创业者经常犯了"泰姬陵症候群"。什么是"泰姬陵症候群"？就是很多创业者穷极心力创造了美轮美奂的外在形象，包括极致精美的PPT和包装完美的对外宣传文件，如同莫卧儿帝国举全力盖了泰姬陵，而这个伟大的建筑工程，其真正的用处只是一个陵墓，盖得再美再好，也对整个国家的发展益处甚少，倒因投入大量的人力、财力，完工后，就是王朝衰败的开始！

从天使投资人的角度来说，决定是否投资，PPT做得漂不漂亮，并不是我们最重视的考量；我们更看重里面的商业逻辑思维，当然，最关键的，就是这一切的设定和假说，到底是你的一家之言，还是经过验证的。经过验证的真实项目，远比天花乱坠的形容、上天入地的神奇故事来得更有吸引力！

很多事情不是设计得好看就可以加分，然后代表一切。水能载舟，亦能覆舟，过于精美的PPT同样会模糊焦点，如同身材曼妙的女明星，当大家过于看重她的靓丽外形时，可能会忽略她精湛的演技或成熟的内在。如果缺少了扎实的内容，大家只会记得你的PPT很漂亮，但可惜这不是简报大赛，而是真枪实弹、决定资源要不要投资下去的天使投资媒合会。

我会建议创业者回到初衷，将心比心地去思考投资人在关注什么，你想让投资人看到什么。**因为你能够有机会让投资你的人成功时，你才有机会被人家投资成功！**把重心放在投资人最关注的问题上，清楚交代你的商业模式外，忠实地呈现你既有的状态，不要只纠结在表面的光鲜亮丽，因为项目带来的真实价值，才是天使投资人真正关心的。

> **PS**
>
> 一百元钞票设计得再漂亮，还是不如一千元吸引人。这句话最简单，但是最直接。

39 羊市

> 在天使投资领域里，羊市概念无所不在，大数据、人工智能、区块链概念当红，好像没有这些关键词，投资者就不会理你了……

对投资有点概念的好朋友，都应该知道牛市与熊市，牛市代表着多头市场，蓬勃发展；熊市代表着空头市场，远景看淡。但最近听到一个有趣的新名词，叫"羊市"。什么叫羊市？羊市的说法来自羊群效应，羊移动的时候，没有自己的主见，大群体往哪转就跟着往哪转，当牧羊犬在旁边叫两声，羊群就自然移动，没有任何理由，这就是羊市！

羊市代表着从众心态，不是真正的景气或是不景气，群众是盲目的，而这些盲目的跟风，常常是人为的炒作。摊开两岸的经济发展史，在台湾开澳门蛋挞店、开保龄球馆、开文创咖啡店、开奶茶店，都是羊市大行其道的故事。

在天使投资领域里，羊市概念无所不在，大数据走俏，所以创业提案都会来个大数据，餐饮要大数据，健康要大数据，农业要大数据，开咖啡店也要大数据！人工智能（AI）、区块链概念当红，所以不论哪种创业提案，也常会在报告最后补上一句——未来将导入人工智能，要不然就是——本计划将应用区块链技术。好像没有这些关键词，投资者就不会理你了。

在新冠肺炎疫情之后，大行其道的羊市，就是零接触经济、远程服务、上云端的项目，它们吸引了所有目光。无人餐厅、外卖崛起，居家办公、远程教学等个案数量也快速增多。但回到创业的根本条件，当所有人都在做一样的事情时，你得先问问自己：你了不了解这个创业生态？你了不了解自己？你是谁？你的比较优势是什么？有什么是非你不可的？如果你够独特，那请问能创造什么价值？为什么成功者会是你？如果创业者答得出来上述这些问题，那离成功应该不会太远。

PS

认识自己就是最重要的专业。这世界的规则其实很简单，就是专业的欺负不专业的，投资理财、企业经营甚至人生交友都是如此。专业的人从羊市获利（"割韭菜"），不专业的人进羊市赔老本，所以见自己、见天地，最后见众生，看清市场的本质，洞悉人性的需求，不贪心、不躁进、不盲从，这才是长久生存之道呀！

40 伪成功学

> 伪成功学不是没有价值，只是对于一个创业者来说，可以参考学习，但绝对无法复制！创业之道，我们要面对的是属于自己的战场。

这几年从事天使新创的投资经验中，相对于少见的"失败学"研讨，大家更关注"成功学"的学习。但根据长久以来的感受和认知，我认为成功是不可复制的。讲成功学光鲜亮丽，讲的人开心，主办的人风光，听的人陶醉，多数的论坛、演讲，也多聚焦在成功学，而不是失败学。失败学要找讲师、分享人很不容易，能够真诚面对自己的经营者毕竟有限，有谁喜欢把自己失败、没面子的往事赤裸裸地摊在阳光下检视？

但为何遍地开花的成功学分享是不可复制的？我总结原因如下：

首先是**时空背景不同**。大家都听过"刻舟求剑"的故事，故事的关键是我们永远无法在不同时空复制一模一样的情境，哪怕再怎么接近，大环境不一样就是不一样。

再次，很多成功者，他分享的成功原因，**到底是真实的，还是他个人所谓的英明神武、决策果断？** 其实背后原因可能真的只是他运气好，瞎猫碰到死耗子。他个人可能觉得他的人格特质就是让这一切发生的关键因素，但事实上却可能完全不是。每个成功者都说自己很努力，但除了少数极端个案之外，创业者有人不努力吗？所以努力就是他成功的关键因素吗？但在成功学分享的舞台上，这是无法证实的，他成功了，所以在台上怎么讲都有道理。

同一句话，不一样的人讲，就会有不一样的效果；同一个操作心法，做的人不一样，结果可能就会有很大的不同；一样的处置方式，面对不一样的情境和人群，可能会得到完全相反的结果。因为人类社会太复杂了，人际互动不是物理化学般的线性模式，**逻辑学并不是人际互动间的主轴**，温度和感受才是人与人之间最真实的媒介。

很多所谓成功学的探讨，其实未必真能找出原因，所以我称之为"伪成功学"。伪成功学不是没有价值，只是对于一个创业者来说，你要知道那是他人的故事，可以参考，可以学习，但绝对无法复制！创业之道，我们要面对的是属于自己的战场，最终还是要走出一条自己的路。

PS

由于识富天使会与政治大学 EMBA 合作，进而认识了 CEO 黄国峰，他说其实我提到的成功学不可复制，在学术上是有专有名词的，分别是"历史路径依赖性""因果关系模糊性""社会关系复杂性"，三句话就能讲完。所以人真的还是要多念书啊！

41 屠龙少年

> 屠龙勇士们都成功杀掉了恶龙,但同时也变成下一条恶龙……

村庄旁的深山里,住着一条恶龙,恶龙每隔一段时间就会下山,到处破坏庄稼、抢夺食物、搜刮村民的金银财宝,伤人吃人!村民不胜其扰,最后和恶龙达成协议,年年贡献牲礼,来换取平安度日。

有一个少年,从小在被恶龙蹂躏的村庄中长大,成长的过程中,看着村民受尽苦难,他最大的愿望就是成为屠龙勇士,杀掉恶龙。虽然村子里每年都有自告奋勇出征的屠龙勇士,但这些勇士从来没有人生还、胜利归来。

少年勤练武艺,摩拳擦掌等着自己长大准备好的那一天。到十八岁,他觉得自己已经准备好,便背上行囊,带上武器,跋山涉水去找恶龙算账。

经过三天三夜,他终于找到恶龙歇息的洞穴,恰巧恶龙趴在掠夺来的金银财宝上午睡。他心想机不可失,拔出大刀冲进去,手起刀落,一出手就砍下恶龙的头。他提着恶龙的首级，眼睛看着这些财宝，纵声大笑！慢慢地，少年身上竟长出了鳞片……原来，过去这些年来，屠龙勇士们都成功杀掉了恶龙，但同时也变成下一只恶龙……

这是一个在东南亚流传的寓言故事，其实非常适用于新创事业。不管在哪个产业，为了反抗大企业垄断市场，总会有新的英雄揭竿而起，创造新的机会和项目。但随着市场占有率及规模慢慢扩大，新项目从绝对少数慢慢变成主流，就像那个屠龙的少年一样，**随着岁月成长，慢慢变成那个自己处心积虑想要打败的大魔王！**

精酿啤酒是对应于商业品牌啤酒而生的非主流啤酒，但是当越来越多的人喜欢这小众口味时，当年的精酿啤酒，就变成新一代的商业品牌啤酒。

长久以来，它因为受到大家的喜爱，规模和客户数量急速扩大，最后不得不和过去所挑战的大型产销商一样，开始建立产销体系，规模甚至比原来想要打败的那个旧体系还要大。

甚至连高举反政府、反统治的"占领华尔街"运动，也因规模扩大到难以沟通的状态，最后也不得不成立他们最讨厌的"政府部门"，来协调资源，统一活动诉求。

这些都是屠龙少年变成龙的故事（其实龙没有好坏，

"恶龙"只是故事里的说法），或许很多人会问：那我们该怎么办？难道要坚持理想做小众，然后一辈子不要长大？

如果你一直保持着创业的初心，无论规模多大，都能不忘初衷，知道你当年是为何创业，为何而战，那摆脱屠龙少年的循环诅咒，指日可待！

> **PS**
>
> 蝙蝠侠电影《黑暗骑士》(*The Dark Knight*) 里面有一句话："要么以英雄的身份死去，要么活到变成反派！"精酿啤酒一样可以有创新精神；主流音乐一样可以很酷很炫；规模大的农产品公司还是可以照顾小农。你的创业初心，是不是能成为企业的DNA？这才是重点。

42 创业者的品格

> 在天使轮投资，最关键的要素，就是创业团队。而支撑起这个要素的关键资源，就是"信任"。

这几年开始接触天使投资之后，我有两个身份在同时运作，一个是旭荣集团的执行董事，代表着具有规模的稳健企业的经营者；另一个是 WorkFace Taipei 的社群运营者及识富天使会的天使投资人，这两种身份下是完全不一样的思维。

很多新创界的朋友应该都有参与 pitch 或是 demo day / road show（演示日 / 路演）的经验，创业者用几分钟的时间快速介绍自己的项目并接受提问，然后投资人决定是否跟进，并给予支持，用资源（尤其是资金）上的协助，成为策略性合伙人。

所以，投资 pitch 的本意，用大白话表达就是："你带着商业企划书，来向我要一笔钱或是资源。在我成为股东后，你去做假设可能会成功，但其实你并不一定擅长的事。"如果用更直白的话说，就是："我听你在说故事，但是能不能成，并不是你说了算！"

由于早期创业投资的不可测因素实在是太多了，天时、地利、人和缺一不可，就算一切具备，任何一个小环节出了差错，这个项目极可能还是会出问题，而无法继续成长到投资人获利出场的那一天。**天使轮投资有太多事情并不如我们想的那样，有投入就会有产出，有投资就会有回报！天下或许有幸运的午餐，但真的没有白吃的午餐。**

一位我非常敬仰的长辈曾亲口对我说，他这辈子投资了四百个项目，其中没有任何一个是百分之百照着当年天使创投融资时提出来的企划书进行的，而且这些项目，多数都是失败的，但是因为少数项目极成功，平衡了投入的支出，所以整体来说，天使投资还是带给了他财富和社会地位。

老人家说他看了上万个项目，投了四百个项目，没有一个照着企划书走；你一个创业者却跑来告诉我，你现在提出来的企划书，就是你们未来会百分百遵循的架构蓝图，以后的获利、成长，会依照这个故事进行。如果你真的做得到，代表你就是那 0.25% 概率的天之骄子！过去数十年来，四百个顶尖人才都做不到，但你做得到，难度真的很高，我怎么那么容易就遇到救世主？

如果是这样，那我们要怎么判断和决定投资谁？所以讲到最后，一切还是回归到人身上，回归到创业者身上，很多天使轮的投资大师都不约而同地说:"人不熟,不投!"在**天使轮投资,要素就是人,就是那位创业者,还有他所带领的团队。**

而支撑这个要素的关键资源,就是"信任",有了信任,诸多沟通成本就会降得很低,让事情高效而容易成功。

如果投资的是对的人,他会用尽一切办法来让这个项目成功,让这家公司站起来,因为这是他的使命。如果投资的是不对的人,他存心就是要欺骗你,那么再多的规章条约,也只是暂且充数,其实这些都是防不胜防的。如果你想找到好的天使投资人,愿意帮助你、支持你,让你的项目成功,那首先请你成为一个值得被信任的好人吧!**如果你是一个值得信任的好人,然后对想解决的一个问题有深度的执着,愿意对这件事情深度投入,止于至善,那你应该就是被信任的那位创业者,也是我们最期待见到的那个人!**

> **PS**
>
> 为什么我还特别强调要是"好人"?因为很会赚钱的坏人太多了!君子爱财,取之有道。我不喜欢骗人,当然也不喜欢被别人骗。你是真正能创造价值,还是在玩金钱游戏,通常创业者和天使投资人,心里都是清楚明白的。

43　钱也是有情怀的

> 与其把商业做公益化的包装，不如把公益的事情做商业化的包装，这样公益才能永续。

第一次见到木子鹏，是在 WorkFace Taipei 创业者社群所举办的创业者工作坊。大家聊起每个人的创业辛酸与甘苦。他的口音特别引人关注。他本名叫李鹏，后来改名叫木子鹏。他出生于新疆，在藏区长大，四处成长历练之后，遇到了生命中的另一半——一位美丽的台湾姑娘，所以就因缘际会来到台湾。

木子鹏和青藏高原上青海省的玉树县有着深厚联结，他曾经担任该地慈善学校的副校长。那是藏文化的游牧区（属于藏文化圈），一年只有夏季开放三个月的时间方便旅游，所以他带领年轻藏民们，创立了一个社会企业的创业项目"游牧行"。

我与"游牧行"的结缘，源于我担任游客领队，带着一群企业家好友上高原体验，和当地的藏民伙伴变成至交。旅行结束后，木子鹏找我谈，他有个梦想，需要资金和资源来扩大"游牧行"的架构和规模。在体验过这一切后，我与几位好友决定加入天使投资人的行列。从一开始的主题旅游概念，到客制化（定制化）的订制行程，到手工牦牛农产品，"游牧行"一直在进化。在未来，更希望能规划全藏民牧区的牦牛认养，让每个人认养一头牛，养在青藏高原，通过科技来产生联结，而牛所生产的一切最天然纯粹的产品，可以供应给在都市中的你，这是全新长出来的商业概念。

平常人老想着把商业化的事情做公益化的包装，我倒认为，我们应该把公益的事情做商业化的包装，这样公益才能永续，才不需要天天向人家伸手。

资本有时候也是很有个性的，钱也会选择做有情怀的事情。 在追求利润的同时，我们也常常在思考，怎样为这个社会创造价值，所以这几年来我们也看了很多"社会企业"的新创投资项目。社会企业有别于一般的创业，在于除了追求利益的极大化之外，更追求这件事本身所信仰与带来的正面价值，所以**在这个项目进行的过程中，我们舍弃了很多"可以最快"的方法，取而代之的，是我们在这件事情中本身所要"追求的价值"。** 为了让当地的藏民朋友能够融入这个项目，我们送藏民伙伴去学厨艺、学管理，而不是由外地的汉族人来负责这些工作。

木子鹏就是希望通过各种方式，让藏民最后的游牧文化得以保存，更重要的是，他们不需要"被慈善"，而是希望能扎扎实实地赚取生活所需，证实藏文化是有价值的，是能被保存的。

PS

受新冠肺炎疫情的影响，跨境旅游及观光业都遭受非常大的挑战，其实这本书出版的同时，"游牧行"这个项目已经画上句号了。但我跟木子鹏说，基于他一路走来的负责态度和经营思维的选择，如果未来他还有计划要进行任何创业项目，我都愿意继续支持。很多时候，未必只以成败论英雄，一次完美的撤退，也可以作为一个成功的指标。

Part 4

【为人父母篇】

别教孩子『乖』

"你为什么老是不听话？""我这样做是为你好！"
乖，就是要求孩子表现出我们大人想要看到的样子吗？
如果孩子懂得为自己负责，何必要求他乖？

44 让孩子赢

> 做父母的，所能做的最好的事，就是确认我们的下一代能在一个独立、自在、安全的环境中长大……

我是一个企业经营者，也是一位父亲。我有三个可爱的小朋友，现在老大上初中，双胞胎兄妹俩上小学。当年在生老大之前，我就在想，我要怎样扮演父亲这个角色，因为生活中的我，势必非常忙碌。

我一直很认同作家小野先生所说的，父亲要像山一样存在。我们不一定天天去爬山，但是当你想亲近山的时候，山，就在那里。 同理，或许我不能每天都陪在孩子身边，但我可以确定的是，只要在孩子身边的时候，我可以保证我的心就在他身上。

有些爸爸天天回家，但是回家后，心却不一定在孩子身上。也许是坐在沙发上看电视，也许是刷着手机处理事情，有一搭没一搭地回答孩子的问题。人虽然回家了，心其实还在加班。那样的话，不论人有没有回家，其实都是一样的。

我一直觉得自己已经很幸运了，因为工作的关系，我的确需要频繁地来往亚洲各地，虽然不用长期派驻当地，但常常一整个月出差不在家的总时数在一年中高达一半。由于我是短期几天来回，至少周末还能抽时间带小朋友出去走走。要同时兼顾经营者和父亲的角色，真的是一种艺术和选择！

对小朋友生活上的事项，我并不插手管理。其实，每次看到大儿子吃饭狼吞虎咽的样子，都想出声说说他，但随后想想，我也不一定做得到（吃相不好看，搞不好我比小朋友更夸张）；另外一点是，会开口说他、纠正他行为的人已经太多了，还真的不缺我这一张嘴，就放他一马吧！我有个能全心全意投入照顾孩子生活的好太太，所以小朋友生活上的事务就让她全权管理，如果我偶尔介入管理，但是人又常常不在，反而可能造成一种信念和规范不能持续的困扰。

如果不管生活上的琐事，那爸爸管什么？**我个人认为爸爸要负责激发孩子学习的热情，并创造孩子生活中的快乐。**对一个父亲来说，这是不用每天在身边，都一样可以完成得很好的任务。

阅读过诸多文献和资料，我发现其实父亲扮演的角色，常常是观念的塑造者，孩子的观念和对事物的看法、对生活态度的诠释和界定，其实往往是由父亲扮演的一个潜移默化的角色决定的。言教不如身教，身教不如境教。父亲所创造的环境，父亲怎么样扮演在社会人际中的一个角色，其实都深深影响下一代的思维和想法。身为父亲，尤其对作为同性别的儿子，影响更是深远。

所以在老大从幼儿园毕业进入学龄期后，我们没有选择私立学校或是国际学校、公立学校，而是选择了华德福的教育体系，后来再加入体制外实验教育的学校。我希望他在低年级时，能在一个比较自然而且被充分尊重的教育环境中成长。曾有很多朋友问我同一个问题："你让小朋友念体制外学校，那他未来要转回体制内时，该怎么办？"

我也就一样的问题问过华德福的董事长，也就是大家所熟悉的严长寿先生。他问我："你觉得小朋友未来要在这个社会生存，应该依靠哪些技能？答案不应该是语文、英文、历史、化学等学科吧？"严先生认为，应该是以下三项能力：

一是与人相处的能力。人类是群居动物，未来任何的工作或学习，一定都离不开人与人之间的相处，所以人与人相处的能力，其实是最基本的。但是我们现行的教育体制却没有着重培养这个能力，甚至因为对分数的追求，反而在逆向诋毁人与人之间那种最纯真善良的价值（尤其是对小朋友尚未成熟的心智来说）。"与人相处的能力"，是人能在社会中成长的关键因素之一。

二是解决问题的能力。其实，生活和生命就是不断地发现问题、创造问题，然后解决问题。解决问题的能力，往往也决定了一个人过得好不好、快不快乐。现在很多年轻朋友，由于父母亲的过度呵护与照顾，基本上没办法自己担负起责任，去解决自己或是家庭的问题，变成父母亲必须时时刻刻跟着他、协助他，如我们常讲的"妈宝"。如何让孩子具备解决问题的能力，我认为比学习任何学问都重要。

三是面对挫折的能力。人生不如意事，真的十常八九。不论处在哪个年龄层、哪个状态，挫折对于人生来说都是很常见的。但是很多孩子或许平常已经习惯太多的掌声，或是在生活中被保护过度，以致未能在成长过程中体会挫折这件事情，也不知道如何与挫折相处，等到进入社会，才发现这是一个极为重大的问题。

其实，学的就是这三件事，至于那些学术性的学科，不论是在哪学、怎么学、学得好或是不好，好像基本上不是那么重要了。任何教育体制，当然都有它的优缺点，适才适性，我想这是最重要的。

未来，当我的孩子们有思考能力时，我会将他们人生的选择权还给他们，让他们决定去哪念书，让他们决定自己要走什么样的道路。其实做父母的能做的最好的事，就是确认我们的下一代能在一个独立、自在、安全的环境中长大。**身为父母的我们，可以决定在不一样的时期，扮演不一样的角色，来陪伴他成长。**我认为一个称职的父母，不是要去掌握他、控制他，而是要引导他、带领他，让孩子赢！因为他的人生是他的。虽然他的生命因我们而来，但是我们并不拥有他，这是很多父母看不破的，也是做父母的，一辈子要修的功课！

> **PS**
>
> 其实说起来容易，做起来可真难。"人生是孩子的，请将所有权还给他"，很多父母嘴上会说："那当然呀！这不是废话吗？"但现实生活中，却往往做不到……

45 主观的爱不是爱

> 你觉得这样做对他好,是真的经过验证,还是只是你自己这样想?这个"好"的定义,是来自客观事实,还是来自你的认知?而你认为的正确,就真的正确吗?

我听过一个好朋友分享他的故事。他的母亲也是一个成功的企业家,执行力强、绩效卓著。他的母亲在家里常常说:"小男孩天天一直抱着,会让他养成依赖性,这样对个性不好。"所以,这位婆婆常常告诫朋友的老婆,不要没事老是抱着小儿子,朋友小儿子个性、外形非常软萌,当他耍可爱、撒娇的时候,大人都会忍不住想去亲亲、抱抱他。

有趣的是,常常在餐桌上,婆婆板下脸来训斥完朋友的老婆之后,看到小孙子从后厅跑出来,就开开心心地张开双手说:"来,奶奶抱抱!"我朋友看到这一幕,有时真是哭笑不得。你说这是故意的吗?当然不是,这是下意识的举动。有趣的是,为何人家抱小朋友,会被解读为是一种养成孩子软弱和依赖的举动,而您老人家抱时就不是?岂不是只许州官放火，不许百姓点灯吗？

其实说穿了，关键就是"主观"一词而已。曾经在网络上看过一个笑话（但我认为是真人真事）：天气微凉，小朋友一字排开，都穿着短袖，唯独小美穿着厚厚的羽绒衣还加棉袄，老师不禁问小美："你怎么穿这么多？"

小美幽幽地回答道："报告老师，有一种冷叫你妈觉得冷。"

是父母不相信小孩子身体有冷热调节的能力吗？还是小朋友没有汗腺？

这当然都是开玩笑的话，但重点是，很多大人就算认为小孩子具备这样的决定能力，他们还是不放心，要再加上自己的意志做决定。所以，很多事最后都是父母代替做决定，大人觉得是什么，答案就应该是什么。

父母亲的主观想法决定小朋友生活中的大小事。在你眼中，抱小朋友是不好的，但是等自己要抱的时候，标准就不一样了，这就是主观，而且当事人往往是不自觉的，除非他人从旁边提醒。

反映到生活上："你为什么不多穿一件外套？""你为什么不吃青椒？""你为什么交这个男朋友？""我这样做是为你好，你怎么还不感激？""我是为了你才这样做，你讲话那是什么态度？"这些是我们常听到的长辈的问话，但这些话可能都包含着主观、自以为是的思考，缺乏利他能力的思维！

你觉得这样做对他好，是真的经过验证，还是只是你自己这样想？这个"好"的定义，是来自客观事实，还是来自你的认知？而你认为的正确，就真的正确吗？我相信很多为人父母的朋友，如果把自己讲的这些话，客观地拿出来评断，应该会流下冷汗，原来，我们是如此主观！**主观的爱不是爱，反而因为强迫他人接受，而产生不快乐和距离感……这不是真正的爱会产生的东西。**

那该怎么办？其实解决方法太简单了，就是站在对方的角度多想一想，己所不欲，勿施于人，就是这样。如果你不希望别人用这样的语气和模式对你说话，你就不要用这样的方式对待他人，而用你希望被对待的方式对待他人，多多换位思考，替他人多想想，仅此而已！

> **PS**
>
> 我自己也常犯主观的毛病。任何事皆无绝对，我在教养方面本身也一直在寻求平衡。作为老爸，在孩子还小时作为玩伴，求学时作为朋友，长大后作为顾问，不要什么时候都想当老师，无时无刻都想指导人家。对于两代间的意见摩擦，如果彼此有"让对方赢"的利他思维，那两代间的沟通，应该会顺畅很多。

46 你是不是一个乖小孩?

> "我不知道为什么一定要回答乖,我觉得我自己真的就不是很乖,可不可以?"

老大小齐是一个很机灵的小朋友,我无法回忆在他这个岁数的时候,我心里到底在想什么,但是依据那时的大环境,肯定没有他生活得这么多彩多姿、灵活多变。

我生平第一次打篮球,是在初中一年级的时候,我会看 NBA 并且着迷,是在高中的时候。但是现在的小朋友,还没有上小学就已经在打篮球了,小学三年级,基本上就已经是 NBA 的"评论员"。现在小朋友的心智成熟度,远远超越了过去,现在的三年级小朋友,和二十年前的,可能是完全不一样的状态。

小齐的奶奶,也就是我的母亲大人,最喜欢问他:"你今天乖不乖?"

"我不知道为什么一定要回答乖,我觉得我自己真的就不是很乖,可不可以?"小齐问我。

什么叫"乖"?

乖就是小朋友依据大人的喜好和需求，呈现出大人想要看到的样子！

乖，代表着不违抗、不反对，放下自己的意见，以长辈说的话马首是瞻。

乖，代表着我不建议你有自己的想法，也不建议你做出与期待的不一样的行为，因为，这些都会违背我对你的设定，我觉得你是什么样，你就应该是那样。

乖，代表你符合大家对你期待的样子，是团体里面的一分子，不突出、不搞怪、不惹事、不要特别。

传统文化常常讲枪打出头鸟，我们对标新立异、特立独行是不太赞同的。所以我从不问小朋友，你乖不乖、听不听话，你是不是一个乖小孩。我会问：对这件事情，你的想法是什么？如果你觉得自己做错了，再做一次可以哪里不一样？你学到了什么？

但同时我也会告诫他，你是一个独立的人，爸爸、妈妈、爷爷、奶奶都很爱你，如果你需要帮忙的时候，可以找我们。

但是别忘了，你自己做的事，自己要负责。

自己玩的玩具，要自己收好。

别人煮的饭，你夹到盘子里的，自己要吃完。

吃完饭，碗筷要自己收拾。

你可以自由地做想做的事，但是这一切的自由都以不伤害、打扰他人为原则。

晚上你太大声喧哗，会吵到邻居；在地板上拍球，会吵到楼下。这些都是会影响他人的事情，就不能算是你要怎么样就怎么样的自由。

其实，我们都希望孩子很完美，既听话又乖巧，又有主见又会思考。但是我们往往都看不到自己的一身缺点：脾气大，情商低，自制力低下，一堆毛病，甚至远远不如小朋友……

自觉，是一件不简单的事，教育更是如此。所以"言教不如身教"这句话流传了这么多年，真的有它的道理在。

PS

希望这篇文章能提供给大家一个不一样的想法，或许，我们不应该总是要求小朋友当一个"乖小孩"，他可以有自己的想法，而且这个想法应该被尊重。你可以不乖，可以和大家不一样，但是要尊重他人，你的自由以不侵犯他人自由为原则。我相信小朋友的未来，自然会走出一条路。

47 孩子，分享是美德，但没有人可以强迫你

> 我们常常要求孩子们要分享，甚至强迫他们分享。试问，在成人世界中，你愿意无偿地分享你的财富吗？对很多人来说，那样的行为，和抢劫没什么两样。

分享，常常是很多家长强调的美德。在我们家里，三个小朋友是平等的，我要求每个孩子都要尊重每个人对物品的所有权，就算是父母与其他小朋友，也是一视同仁。在很多父母心里，家里面所有的东西，都只属于父母。但我认为这是不正确的。

如果我们已经将东西送给了小朋友，这东西的所有权就应该是小朋友的，而不是父母的。父母如果对这个东西的处置有意见，都应该询问物品所有权人，也就是主人的想法，主人的决定才能算数。不论他几岁，只要他有认知的能力，我们都要尊重他。

很多父母的行为，其实都像假民主一样，我送给你东西，骨子里还是认为我对东西有支配权和所有权。当我觉得

你对这东西的处置得当，合我的意，我就认为东西还是你的；但如果不合我的意，我马上就否认你的所有权，东西重新变成我的，等到你顺了我的意思时，再把所有权还给你。如果孩子年龄大了，对这样的作为提出质疑，我们就用一句"我们是为你好"来当借口。其实这种行为的背后，是我们的自傲与自负。

我之所以会这样想，是因为我想要传达正确的观念给孩子——**尊重他人的所有权，也要保护自己的所有权**。相对地，我常常觉得，很多时候所有权的概念都被滥用了。例如，我们常常要求孩子们要分享，甚至强迫他们分享。试问，在成人世界中，你会愿意无偿地分享你的财富，只因为对方向你提出要求吗？我想大多数人是不愿意的，对很多人来说，那样的行为，和抢劫没什么两样。既然这是我们大人世界里不愿意发生的，为什么要强迫孩子们接受呢？

当你的小孩不愿意与其他孩子分享玩具时，做父母的往往会为了展现所谓的宽容大度，抢自己小朋友的玩具给人家，然后说这是一个人应该有的好行为。

分享的确是美德，但这一定要建立在个人愿意的基础上，我分享是因为我愿意，而不是因为被强迫，或是被挟持。要不然这就等同于大人世界的不乐之捐。

如果有其他小朋友想要玩我们家小朋友的玩具，我会请他直接和我们家小朋友沟通，去和他借借看。其实绝大多数时候，小朋友是乐意分享的。当然我也遇到过小朋友不愿意分享的情况，我会问他原因，当时他告诉我，想借玩具的那个小朋友很凶，所以不想借给他。对于我来说，我也常常拒绝态度不佳，或是自以为是的求助者，不是吗？有时候懂得说不，别人才会珍惜你的好。所以，我尊重也理解小朋友的决定。至于我们是不是可以体谅人家的行为，或是再给他一次机会，那是另外一个层次的教育和讨论，但是原则上，尊重小朋友对自己东西的所有权，是最重要的准则。

如果其他小朋友是来玩一个公共的玩具，例如公园的秋千，那时候我就会很明确地告诉我的孩子，这东西是大家的，每一个人都可以玩、可以用，你没有权力不让人家玩，因为这不是你的。所以无关乎你喜不喜欢来排队的小朋友，你必须合理地让出使用权，可以轮流玩，但不能霸占。

如果这个东西是人家的，主人回来索取了，同理可证，你能和主人商量，能不能再让你玩一下。如果主人不愿意，那你必须要马上归还，这是相对的尊重。

一样的观念和原则，不仅仅是对待外人，对待自己的兄弟姐妹也是一样的。俗话说亲近而生侮慢之心，我们对身边最亲近的人，却常常忘了最基本的尊重和礼仪。尤其做父母亲的更应该注意，而不是爸爸叫你给弟弟，你就给弟弟，妈妈叫你让哥哥，你就让哥哥。如果我们能做到这点，才是真正地实现了对孩子的尊重、对孩子所有权的尊重。如果弟弟要玩哥哥的玩具，请跟哥哥借，如果哥哥愿意借给你，就没问题；如果哥哥不愿意借，那是哥哥的意愿，我们要尊重，但是哥哥相对地也要承担今天不愿意借的影响和后果，"凡事皆可行，但不都有益"。

东方体系中，因为文化习惯的关系，我们常常告诉小孩"我们爱你""我们是为你好"，然后帮他们做决策，为他们做决定，去处置孩子应该拥有的支配权和所有权。等到孩子无法承担责任的时候，才发现这一路来，我们的思维是错误的。有因就有果，这是最自然的道理。

PS

"尊重"是一切的根本和基础。你尊重孩子，孩子就会尊重你；你尊重他的所有权和一切，孩子就会尊重身边事物的所有权和一切。

48 孩子，你的人生是你的

> 我们希望把小孩子当成机器人一般，只要输入程序码，他们自然就会照我们希望的那样吃饭、行走、说话、睡觉，那样想的话，真的就大错特错了！

这几天看到小齐被他妈妈从早上说到晚上，晚上吃饭时，因为功课没写完，又被妈妈"叮得满头包"。看着老婆声色俱厉的猛烈炮火，再看着涨红着脸，想反驳却又无能为力的孩子，我突然心思飘到了其他地方……

还记得我们在孩子出生前对他的期待吗？"健康就好"，我相信是天下父母最基本的期待。老婆在怀小齐的时候，我曾问老婆，你对小朋友有什么期待？从爷爷、奶奶到妈妈，大家的答案都一样，期待他健康就好，快快乐乐地长大，当一个有用的人，但现在看起来怎么不是这样了？

我们常把孩子视为自己的资产和意志的延伸。如果父母亲没有上过大学，我们就希望孩子能好好念书，甚至读个博士，青出于蓝，光宗耀祖，于是我们老是把"我是为了你好"挂在嘴边。但让我们仔细检视一下，到底这样做是为了孩子好，还是为了自己好？我们会不会看起来像给孩子选择了一条对他最有利的道路，但其实那只是我们某种程度满足自己私欲的一个包装……

"你们的孩子不是你们的孩子，乃是生命对自身渴求的儿女……他们只是经你们而生，并非从你们而来。他们虽与你们同在，却不属于你们，你们可以给予他们的是爱，而不是思想，因为他们有他们自己的思想。"

——纪伯伦《先知》

当我读到这段话的时候，感受很深。在西方文明里，人生中最重要的那个人，应该是配偶；但是在我们东方文化中，最重要的那个人，并不是你的另一半，而常常是你的上一代或下一代，对亲生父母来说，甚至视下一代比自己的一切还重要。

这是种难以承担的负荷，这就像对孩子说，"我爱你，但是请你要依照我的方式过人生"，讲得更直白一点，这就好像在告诉孩子，"你的人生是我的，不是你的，我会为你的人生做所有重大的决定"，所以"妈宝""啃老族"这些新时代的词才会出现。我们希望把小孩子当成机器人一般，只要输入程序码，他们自然就会照我们希望的那样吃饭、行走、说话、睡觉，那样想的话，真的就大错特错了！

教育的本质，并不是来自控制，而应该来自学习。

这个学习不是来自我们强制灌输给他的，强迫他一定要成为的，而应该是我们鼓励他自发性生长出来的，这是他原生的样子、该有的样子、适合的样子、舒服的样子。学习来自模仿，所以父母是什么样子，小朋友自然就是什么样子。我们孝顺父母，小朋友自然就会孝顺父母；我们真诚待人，我们的下一代自然就会真诚待人。现在有些父母，说一套，做一套。一方面满口虚伪地去应付这个世界，另一方面转头要孩子不能撒谎，做人要诚实，那不是最大的矛盾和笑话吗？

孩子！你的人生是你的。爸爸妈妈只能陪你走过人生旅途的一段，在你摸索学习的时候，给你一点帮助、给你一点建议。我还是要告诉你，人生是你的，你要为自己而活，不是为了爸妈而活。这是爸爸对自己，也是对你的期许。在这里也要提醒天下所有的父母，教育之道无他，爱与榜样而已！

PS

我在这里写文章很容易，但真要面对家里三个小朋友，那真是琐事一堆，真的烦！老婆如果在这样的情境下，还能轻声细语、好言劝告，那修养的工夫，真的就超凡入圣了！

49　从五子棋聊"学习"

> 我看着孩子和名人对战,结束后,我问孩子感觉如何。"收获太大了!"他说,虽然只是一两盘棋,但真正地打开了视野!

　　我在初、高中就很喜欢下五子棋,大学时还带着棋盘去住宿舍,召集同好成立棋社,还举办了辅仁大学有史以来第一场跨校的五子棋大赛。但大学毕业后,一方面没有时间,另一方面当年的老棋友也都忙于工作生活,疏于联系,这个兴趣也就慢慢地淡化了。

　　直到后来结了婚生下老大,因为他的名字里面有个"齐"字,所以家人都叫他小齐。

　　从小齐五岁幼儿园中班开始,我陪他玩各种桌游、牌戏;到了六岁以后,他的理解力慢慢提升了,我就开始教他下棋。下棋是需要对手的,我们一起下跳棋、中国象棋、国际象棋,当然也包括我以前最常下的五子棋。

　　一场五子棋对战,可以很迅速地比完。不像围棋一盘动辄好几个小时(当然,如果是世界杯等级的五子棋赛,那又另当别论了），这可能是小朋友喜欢五子棋的原因吧。下棋可以训练逻辑思维，所以我也很乐意陪小朋友下棋。

小齐六岁接触五子棋，后来慢慢地变成兴趣，我们父子俩就常常五战三胜、七战四胜地厮杀。从一开始他赢不了我一盘，到后来慢慢地接近七比三、六比四，到他刚过完七岁生日时，已经是五比五的实力了。

有一天小齐告诉我，他希望变得更强，问我有什么方法。我说那爸爸带你去买书看棋谱吧！买了书之后，我们一起研究，再上网找资料查证搜寻，甚至很多的观念和想法，这些年来的规则和进步，都是我二十几年前学生时代所不知道的。

过了几个月，无意中在网站看到五子棋协会举办名人赛的消息。围棋和象棋一般，名人是一种头衔，这个比赛是顶级高手荟萃的赛事，我们父子兴冲冲地跑去观战。我们是现场仅有的两位观众，很有缘地遇到目前五子棋领域的第一高手，也是现役的名人。在休息时间，小齐希望能有和他对战的机会，"好呀！"第一高手很爽快地答应了。我看着孩子和名人对战，真的是开眼界了，原来五子棋还可以这样下！结束后，我问孩子感觉如何。"收获太大了！"他说，虽然只是一两盘棋，但真正地打开了视野！

又过了一段时间,看到另一个活动,是某小学的五子棋社团老师专门为有兴趣的小朋友举办的。我排除万难兴冲冲地带着小齐去参加,这是他第一次可以和同龄的小朋友下棋,他既期待又兴奋。

我们到得比较早,在活动现场,由于其他小朋友还没有到,负责指导的老师请另一位五子棋初段的大人助教,陪着小齐下一盘棋,看看他水平,再帮他找对手配对。结果小齐居然赢了,而且助教并没有"放水"。这场棋引起了大家的兴趣,接着其他的大人过来挑战,小齐还是赢了!

举办活动的五子棋老师说,这位小朋友比较特别,现场可能没有小朋友可以单独和他下棋,而需要大人陪同。后来老师补充说:"你们要不要考虑参加下个月的公开赛,我想以这位小朋友的棋力来说,有可能超出同龄太多,如果参赛,应该会有不错的名次……"

这真是一件有趣的事。我并没有将五子棋老师的评价告诉儿子,只跟他说老师觉得你下得不错,但是还要再练习,然后我就为他报名了下个月的五子棋公开赛。

我突然想到一个故事,看过漫画《灌篮高手》的朋友都知道这个角色——山王工业的泽北荣治。故事大意是说泽北荣治的父亲是个篮球迷,训练泽北从小打球,甚至为了儿子搬到乡下，在后院架起了篮球筐，然后每天和儿子一对一练习，比完后就告诉儿子，你自己好好想想为什么会输。两个人就天天这样一对一地比到了泽北上初中，泽北终于打败了他爸爸。在加入球队后，没有经过正式训练的泽北，变成了日本高中最顶尖的篮球员。

在我这年纪的男性朋友中，几乎无人不知这个篮球漫画。我想到了这和我教孩子下棋的相似之处，忍不住莞尔一笑。由于大儿子从接触下棋时的对手就是我，对他来说，一开始学习就要面对我这个等级对手的思考应对，变成一种常态。

我常常对他讲一句话：**不要靠你的对手犯下低级错误而获胜，要赢就要扎扎实实地赢。**在和我日复一日的对战中，我们每次下完棋都会复盘，刚刚下的那一步棋，到底问题出在哪里？如果下另一个地方，会不会改变胜负？而我看到其他小朋友，下完棋赢的高兴，输的丧气，然后就结束了，这样是不会有进步的。

当真是拳怕少壮，这样不过是认真下了几个月的时间，他就超越了我好几年的棋力，接下来他遇到了名人，初窥这个领域的最高殿堂，学习到这个活动最纯粹的本质、最重要的观念。我们一般人下棋，都会着重在局部的缠斗，但是和名人下的那一两局，我们完全体会到不一样层次的水准，一种"大局观"的思维，而不是把自己局限在局部的缠斗之中，这样的提升如同从打街头篮球到参加NBA正式比赛的落差！

五子棋全台湾公开赛开始了，一早我们一家人赶往会场。小齐人生第一次面对这样的比赛阵仗。近百位小朋友两两捉对厮杀，比赛总共要打五轮，每一轮如取得两胜得四分，一胜一和得三分，两负的话就零分。在第一轮之后，同分的再对战，最后积分最高的获得冠军，积分第二的获得亚军，以此类推名次。

小学一、二、三年级是普规乙组，四、五、六年级是普规甲组。现场洋溢着浓厚的比赛气氛，除了小朋友外，还有众多望子成龙、望女成凤的家长。大家都手心冒汗地期待比赛开始。在简短的大会致辞及规则说明后，比赛正式开始。结果第一轮打完，小齐哭丧着脸跑来找我，刚刚第一场就输了，因为太紧张下错。他觉得对手并不强，但是一个不小心就输了，战绩一胜一负。

我跟他说，静下来慢慢打，第一场输不代表整个比赛结束了。反正也不追求结果，就一场一场慢慢打，好好享受比赛的过程吧！结果，从第二轮开始，想不到他一路过关斩将,再也未尝败绩。打到最后一轮时,和另一位没有败绩的小学三年级对手对决。对方大他两岁,已参赛数次,棋风彪悍。很厉害的对手呀!小齐则是第一次参加,完全是初生之犊对阵沙场老将的局面。

两盘激烈的大战,各持黑子进攻一次,现场外圈围了数十人在看这两个小朋友厮杀。一阵惊涛骇浪之后,小齐站起来振臂欢呼,赢了!他夺得最后两胜,取得冠军!

赛后,我问小齐:"这次比赛都是靠你自己一个人的努力,才会赢得冠军吗?"他歪着头想了一想,"当然不是呀!"他回答。"那你有没有觉得你应该还要感谢谁?"我又问。

"首先要感谢爸爸你吧,因为是你带我学五子棋的。"哈哈,小子果然还不错,知道感恩。"还有呢?"我继续问。"要感谢妈妈让我每天可以玩,还有爷爷奶奶有时候愿意跟我玩,还有老师教我下棋。"他回答。

"除了要谢谢大家之外,你还学到了什么?"我又问。"我觉得做人不可以太骄傲。"他说。"为什么?"我问。"第三轮的时候,有一个小朋友跟我说,你完蛋了,我要打爆你!后来他两场都输给我,就很生气地走了,后面的比赛都没有完成,我觉得他好丢脸喔!"小齐说道。

"还有没有？"我继续问。"有！如果一开始输的话没有关系，不要放弃，后面只要好好努力，还是可以赢回来的！"小齐认真地回答。

真的，我觉得如果这一个观念在他心里面萌芽了，那是一辈子受用不尽呀！

言教不如身教，身教不如境教。环境是最好的老师，是帮助一个孩子茁壮成长的最佳途径。很多事情我不告诉他答案，让他自己去想、去思考，去学会感恩，去体验自己在这次活动中的重要收获。

当学习这件事情，由被动化为主动时，孩子会自己找资源、找机会，去创造舞台和空间，因为这是他喜欢的。当他把时间花在这件事情上的时候，他就会很快乐。五子棋只是一个例子，生活中太多大大小小的事情，都可以用这样的概念思考。就如同我们常常讲的道理，我们是教他如何钓鱼，而不是直接给他鱼吃。这样他将获得自己学习并且找到快乐的能力。

这是他人生的第一场大型竞赛，现在的他还小，也许再过几年，对于这个游戏他就觉得没意思了，不想玩，那也就由他去吧！人生是他的，不需要为了满足上一代的要求和期待而活，但是这次得到冠军，相信在他心中已经留下了很棒的回忆。孩子,你的生命势必会充满一连串的竞争,但记得,人生不必只有竞争。

> **PS**
>
> 回家以后小齐问我:"请问可以抱奖杯一起睡吗?"我说:"不行,因为会压坏。""请问可以带去学校吗?""不行,你不觉得这样太爱表现了吗?"结果第二天,他还是带奖杯去学校了。

50 学会道歉

> 如果大人愿意道歉,小朋友看在眼里,他会知道道歉是一个好的行为、勇敢的行为。你会道歉,你的孩子在做错事的时候,就会道歉。

这是几年前发生的事。在一个周末和老大去露营,回家后他身心都很累。老大是一个有起床气、容易迁怒的小朋友,晚上叫他吃饭,他的情绪不好,说话很不客气。我提醒他,你心情不好是你自己的事,请不要影响他人。他非常不客气地大声回嘴,还带着肢体动作。爷爷奶奶都在场,看着小朋友发脾气,我按捺住性子,尝试跟他讲理,但是他越讲越大声,我知道自己已经逼近临界点了。

我转头先和爷爷奶奶说:"我现在要出手管小孩了,先跟你们讲一下。"接着我抓住老大,几乎是以老鹰抓小鸡的方式把他拖到房里去,关上门,以摔跤选手抛摔的方式把他往床上一扔,跨上去,压住他的身体,扒下裤子就准备要动手打他的屁股了。在最后要动手的那一刹那,我手停在空中,没有打下来。

那一刻，我脑中闪过了很多想法。"算了！"我这样告诉自己。我把他裤子拉好，跟他说："爸爸决定不打你，你在这里好好想一想，我等一下回来和你聊。"我决定让自己冷静一下。十分钟后，我再次走进房间，跟他说："爸爸要先跟你道歉，我刚刚真的很生气，仗着力气比你大，身材比你高，用暴力把你拖进房间里，但是我没有打你，因为我知道打人是不对的。我希望你好好想一想，为什么我会这么生气。你知不知道你做了什么事情？"

小朋友回答："爸爸，我也要向你道歉，我刚才真的不知道为什么会这样说话，我知道我说了很多不好的话，我也要跟你道歉。"我和他说："如果一个人能够道歉，其实比做其他事都需要更大的勇气。能够道歉，代表你能够认错，也知道自己有错误。"我接着说："男生和男生如果和好了，大家就要好好地握一下手。"我伸出手，他也伸出手，我们握了一下手，互相笑了一下，我跟他说赶快去吃饭吧。

和很多同年纪的朋友一样，被老师、家长"修理"，是我们这一代人的共同经历。我曾经读过相关的心理学文章，谈到原生家庭决定我们面对下一代的教育心态。一种是复制，你从小被打，长大以后，你就会打儿子，这就是复制；另一种恰恰相反，是互补。如果从小你没有听你爸爸说过

"我爱你",长大以后,你可能每天抱着孩子说爸爸爱你,这就是互补。

虽然我小时候也被"修理"过,但我希望不会打我的孩子。这次气得想动手,但幸好终究没动手,我可以理解那时想打人的心情。养儿方知父母恩,这是真的。

我不期待儿子成为完美的人,对我来说,他只要不是文盲,不给人家带来麻烦就好了。但是他今天愿意道歉,我其实是高兴的,我一点不介意向小朋友道歉,不要因为我们是大人,就掩盖错误,左支右绌地为了掩饰而丑态百出。**道歉就是道歉,做错了就是做错了,没有什么年龄的问题。**如果大人愿意道歉,小朋友看在眼里,他会知道道歉是一个好的行为、勇敢的行为。你会狡辩,你的孩子就会狡辩;你习惯说谎,你的孩子就会说谎;你会道歉,你的孩子在做错事的时候,就会道歉。

PS

还是那句老话,教育之道无他,爱与榜样而已!

51 如果不能改变环境，只好改变你自己

> 如果能越早察觉，进而做到这件事，这其实是很高的生命层次。多数成年人终其一生，都摆脱不了这样的情绪旋涡。

晚上听到房门外有人大声吼叫，想必又是老大小齐和妈妈起冲突了。我出去了解了一下，真的是小事、微事变大事。因为小齐火气大，嘴巴破了，老婆叫他去上药。小朋友好像正在看故事书，爱搭不理地说等一下，这一个动作就触动妈妈的情绪开关了，直接讲"如果你要这样拖的话，那干脆就不要上药了"。

两个人就这样杠起来了，结果事情越演越烈，变成互相有点情绪失控的冲突。

我和老婆说让我处理，就把小齐拉离现场，请他坐在书桌前，和我下一盘五子棋。

这是我最近摸索出来的一个方法。因为我和他都喜欢下五子棋，所以当他情绪不稳定或是闹脾气的时候，我就拉着

他去下棋，只要棋局启动了，他开始进入思考状态，心情自然就平复了，也比较能够心平气和地和我沟通讲理，从一个比较客观的状态去分析、察觉自己的情绪起伏。

"你知道你刚刚在做什么吗？"我问他，他点点头。"但是妈妈好凶喔！"老大向我抱怨。

我当然知道呀，我亲爱的老婆是一个动作迅速、表达明确的人，做事不拖泥带水，也不要有任何时间或空间的浪费。我老早就知道了，而且我很擅长和这样个性的人相处，因为我也有一个一样个性的老妈。

常听人家说，你的妈妈是什么样子，到最后你就会娶什么样的老婆。我年轻时曾心里想，老妈这么猛，我一定要娶个温柔婉约的……现在证实了，这些市井话语所蕴含的智慧，还真是深奥，哈哈哈。老婆的脾气、个性相较于老妈，还真的是一时瑜亮，不相上下。

所以，现在小朋友的心情，我是彻底理解的，因为我就在这样的情境下，生活了四十年。

"你觉得妈妈的脾气很大，而且说话很凶，对不对？"老大点点头。"但是你也知道妈妈很爱你，她其实也是好人，只是脾气比较大，对不对？"他又点点头。

"你觉得妈妈的脾气以后会变好吗？"我问他。小齐歪着头想了一下,告诉我:"我觉得不会。""但是,她就是你的妈妈,这一件事情会变吗?你的妈妈会换人吗?"我问。"当然不会。"他说。

"所以,你接下来的这一辈子,就要面对妈妈的脾气,对不对?而且你也知道,如果不出意料,妈妈的个性是不会改变的,对不对?"

他点点头。"这好像是一个很残酷的事实,那怎么办?如果你不能改变妈妈的脾气,你是不是只能改变你自己?让你自己不会因为妈妈说了什么话、做了什么事,然后就很生气或是暴怒。如果你没有办法改变你自己,未来你这一辈子就一直会像这样,很难过、很痛苦,你说对不对?"他又点点头。

是呀!我就是这样走过来四十年。如果你改变不了环境,你只能改变你自己,用另外一句话来说,就是**"人生如果没有选择,你就要学习喜欢"**,你已经注定生活、成长在这个家了。你的妈妈、奶奶,都是态度坚定、表达明确的个性,你没有选择的空间,如果你想要在这个家好好地生活,唯一的方法,就是你自己要找出在这样的环境之下的生存之道,而**这样的生存之道,往往就是自己心态的调适和成长。期待别人改变(尤其是长者),是最不切实际的**,而且可能

会越发让自己失望。

这个观念，我花了快四十年，甚至直到最近十几年，才慢慢地掌握，尽量让自己不会因为任何人的一句话，或是一个动作，就触动我的情绪开关，让情绪就这样爆发出来（讲是这样讲，其实我还是会爆发……）。我用小朋友听得懂的话讲给他听，我很确信，读小学的小齐，他真的听懂了，也听进去了。

他问我："爸爸，你说你四十岁，现在已经不会生气了，那我现在九岁耶！你说我还需要几年？"

哈哈，这个问题真是问得太好了，好到我都不知道该怎么回答。

我只能确定，如果老大能越早察觉，进而做到这件事，这其实是很高的生命层次呢！多数成年人终其一生，都摆脱不了这样的情绪旋涡，如果一个小学生能这样参透一切，那真的是太了不起了。

我笑着告诉他："**如果你能越早做到，你就会过得越快乐、越开心！**"

事情的结局，是我们平平静静地一起去睡了。我陪他躺下，聊了一会儿天，等他睡着以后，我爬起来，心有所感地打开电脑，记录下这件事。

我期待小齐能够用最短的时间，去参透、感受今天的这件事，以及我对他的谈话所带来的意义。或许他不是现在，也不是近期就能做到，但是这个观念和想法，就从今天起在他心中种下了种子，等到时机成熟的那一天，自然就会开花结果，甚至他还会继续传承给未来的下一代呢。我想，这就是老爸能给他的最好的一份礼物吧！

> **PS**
>
> 用下棋来控制情绪，真的很有效。我觉得每一位父母，都应该找出一个方法来应对小朋友情绪失控。越是在那种情境下，去威胁、恐吓甚至动手，都不是好的解决之道。

52 从一个高一新生跳楼谈起

> 有时候,"放下"常常比"给予"更难,当我们愿意放下的时候,或许父母和我们的下一代,都会得到更多。

早上看到一则新闻,一个高一新生选择跳楼结束了生命。她的妈妈表示,女儿一早说要去学校,但是就这样跳下去了,结束了十五岁短暂的一生。她的遗言写着:不用找我,我就在这里。

报道中写道,这位学生的父母是高才生,大学读的皆是医科,姐姐也是第一志愿的学生。这样令人称羡的背景所带来的压力,就是让她提前结束生命的凶手?我们不能下这样的定论,但是,毋庸置疑,这个学生应该承受了很大的压力。

报道中还提到,从妈妈的脸书上,常常可以看到她分享女儿读适合更大年龄段孩子读的文章,备受赞赏的喜悦。而女儿们乖巧懂事、会念书,也让这一对父母令人称羡。这基本上就是一个人生胜利组的家庭,很多人都无法理解,为何这个年轻的女孩竟会选择这样结束生命？我相信，过几天后，这则新闻就会慢慢被淡忘，等到下一次类似的事件出现后，才会再一次地被提起……

诸多新闻分析说，这位优秀的孩子会跳楼，是因为担心自己未来在身边同学都极为杰出的环境里，将无法继续保持优秀，她无法承受这样的状态，所以做出了选择。

看完新闻后，我不禁沉思，这纯粹是孩子自己的抗压性不够，抑或有更深层的问题值得我们思考？

很多时候，父母常常视子女为辉煌自我的工具，一旦孩子有成熟的表现，特殊且杰出的行为（我们自己定义的），我们就巴不得天下人都知道，我家有个很杰出优秀的下一代。

但孩子们是快乐的吗？这些杰出优秀的表现和行为，是他们的本意，还是为取悦父母所做出的表演？等演到精疲力竭、不堪负荷的时候，才选择用结束生命来表示最无言的抗议！

我就是在这种压力下长大的孩子。和多数我这个年龄层的朋友一样，我们是标准升学主义下长大的一代，在我的记忆中，分数和体罚是联动性很高的两件事。当年填鸭式教育时期，考试考不好，换到的就是一顿"竹笋炒肉丝"（体罚)。我想这是我这个年代的人大家共同的成长印记。

很高兴的是,我还算健康地走过了这段求学过程,长大成人,并且有了下一代。我觉得有压力是好的,但是我认为小朋友在很小的时候,不需要背负这样的生活压力,童年生活应该是快乐、自在的。

小朋友应该去玩,但是整个大环境和父母甚至老师,常不认为玩是对的、重要的。所以看到小朋友有闲有空的时候,父母最常讲的话就是"去写功课""去做作业",如果作业已经写完了,就让去看书,反正看到小朋友在玩,就感觉不舒服!我们很少听到有父母主动说"赶快去玩"的。

对父母来说,其实最难的,就是把生命的所有权还给孩子,告诉他:"你不需要为了取悦我而活着,也不需要为了愉悦我,而做很多你不愿意做的事情。如果你做了,我会很开心,而且谢谢你;如果你没有做,这也是合情合理,而且不会受到我的情感勒索。"

有时候,"放下"常常比"给予"更难,当我们愿意放下的时候,或许父母和我们的下一代,都会得到更多。这只是我对这件事情发生后的一点省思,并不代表事实一定皆如我所说的那样。或许,很多事情不是我们从表面的报道就可以看清楚。只希望类似这样的年轻朋友跳楼轻生的憾事,以后不再发生了！一个十五岁的生命，她的未来可以很灿烂，不应该这样轻率地结束。

> **PS**
>
> 读小学的老大正好听到我们在聊这条新闻，"跳楼？那不会很痛吗？"老大问道。我反问他："如果是你，那你要怎么办？"老大回答："考不好就考不好，那是我的事，关其他人什么事？"听起来好像有道理，但似乎又有点怪怪的……

53 让孩子做决定

> 老大做出计划后,我身为一个财务支持者,你得说服我,你为什么要这样做?这个决定可以获得什么?不能因为我是你爸,你就可以不需负担任何成本与代价。

老大在一二年级时,念的是华德福小学,三年级后转去体制外的实验学校。有太多朋友都在关心,那他未来的衔接怎么办?以后要直接出去念书吗?还是留下来继续念?

我的答案很简单,就是交给他来决定吧!(当然,我们做父母的会协助分析判断。)我预计在几年后,也就是从他八九年级开始,我会教他简单的企划能力,并且交给他实际的案例运作。一个初中少年,设计一家人的出游,预订机票、车票和住宿,粗略地安排一下相关导游行程,这应该不是太难的事。(当然,为了确认行程顺利,大人最后还是要再确认一次,而这个确认的过程,对孩子来说也是一种学习,他会知道大人是如何确认他不会搞砸这件事。)

企划的基础,就是系统性地思考统整、资源整合、利弊评估，等等。如果我从他十二岁开始教他这件事，等到他十五岁的时候，就已经有三年的企划经验了。三年，在职场业界来说，已经可以算是略有资历的从业人员。在那时候，我会请十五岁的老大，为自己的未来求学作企划和评估，你的高中和大学，想去哪里念？应该在哪里念？你的优势何在？你的劣势何在？你的兴趣、想法，还有客观的环境，你会怎么去安排？

这一切都让他做决定。而我扮演的角色，就像是一个天使投资人，只是我所要求的，不是一个财务回报，而是一个你人生幸福快乐的回报。

老大做出这个计划后，我身为一个财务支持者，你得说服我，你为什么要这样做？这个决定可以获得什么？不能因为我是你爸，你就可以不负责任地去做你想做的任何事，而不需负担任何成本与代价。

这一个"协定"，将会两年一签，我们保有可以调整和变化的弹性，而不是死板地无法调整，如果两年后孩子的想法被证明不正确，或是心态有所改变，那还来得及补救。

常出现父母要孩子选填大学志愿的科系和孩子自身兴趣与意愿相违背的情况，严重的还可能搞到亲子失和、断绝关系。这不是很莫名其妙吗？大家都希望年青一代的未来要过得好，却因为执行的方式和认定有所不同，而造成家庭失和的悲剧，那真是莫名其妙的悲哀！

如果孩子选择出去读书，我会尊重他。一位很有智慧的好友曾与我分享，如果要把孩子送出去，一定要有几个前提：

一是真的想出去，而且他知道外面是什么状况。所以，每一个寒暑假，我们都尽量带小朋友出去走走，让他们知道外面是什么样子，那个环境是不是他可以接受的。

二是能够分辨是非善恶与对错。有这个能力，才能避免一些不正当的诱惑，而这个能力和年龄其实并没有绝对的关系，很多人小时候就知道是非对错，什么能碰、什么不能碰。但是也有些人到老年甚至终其一生，都无法判别是非对错，而让人生有了遗憾。

三是家庭关系要好，感情亲密，出去不是为了逃离这个家！如果是为了逃离这个家，出去后的行为往往是不受控的，这会是一个悲剧的开始。如果他和家庭的联系是紧密的，那这个求学的过程，就不会影响这个家的亲密关系和氛围。

在这样的情况下，这条求学或是人生的道路，是他自己选择的，没有遗憾，也不会后悔，我将全力支持。由于之前提到的这几年的企划训练，已经让他有能力全面性地思考到底什么是相对比较好的选择，更重要的一点，就是要孩子学会对自己的选择负责。因为没有人会为你的人生买单，包括父母。人生是你的，我把选择权交给你，但你要对自己负责！我愿意花精力陪伴你，虽然我没办法陪你走到终点，但是在这有限的时间内，我们也没有遗憾了！

> **PS**
>
> 后记：后来小齐到七年级，选择读私校的双语课程。也许会去外地念大学，我们尊重他的选择。

54 关于学英文这件事

> 如果想让小朋友对英文有兴趣，我们该做的，应该更像是点燃一把火，而不是注满一桶水！

对于子女教育，我其实是乐天派，我最常挂在嘴边的话是："我儿子只要不是文盲就好了！"当然，这是比较极端的说法。只是我觉得小学四年级学到的数学，加减乘除，这辈子应该就够用了。从学校毕业之后，请问大部分人谁开过根号？算过平方？用过三角函数？就算是一般公司的财务报表，也都是加减乘除就足以应付了。

孩子的妈妈没办法像我这么乐天，所以盯小朋友写功课学习这件事，就变成了妈妈的任务。吃饭、穿衣服、睡觉、写功课，找妈妈；游戏、运动、找乐子，找爸爸，变成我们家的分工模式。（其实我也知道是蛮不公平的，辛苦老婆了！）

但是在所有的学科里面，有一项科目是我亲自抓的，就是英文。这是我以亲身经历做出的决定。绝大多数的学习带给我们的，与其说是知识，不如说是智慧和观念。真正让你生活过得去的实用技巧，基本上都不是在课堂学到的。我个人认为，唯有语言是例外，英文更是重点。因为中文，上课下课你天天都在讲，但英文不一定。我英文最好的时候，是去外地念书以后，因为必须天天用。**台湾人有个习惯，我们老是把语言当学问，但其实语言只是工具**。记得曾经看过一句话说："全世界名胜观光区的乞丐，如果要讨钱，一定都要会讲英文。"证明学英文不是造飞船上太空的大学问，真的没这么难！我们不是要研究英文文学或是从语言学角度切入这么细腻复杂，讲实在一点，老外讲话你听得懂，然后你讲话人家听得懂，就好啦！

但是从我的成长经历来说，能使用英文跟人家沟通，在国际视野和生活体验上真的至为关键。数学、自然、社会科目学得不好，其实你的人生还是可以过得很好；但如果你不会讲英文，人生体验就会很不一样，这不是透过翻译机就可以解决的。所以我特别重视孩子的英文学习，其他学科我都不太管。对于英文的学习，我对老婆明确表示，我要亲自操盘。

学英文其实和学习其他学科一样，并没有什么特别的要素，说真的，**我觉得只有两点，一个是要有兴趣，一个是学习环境要快乐。有动力又快乐，学习就能长久**。为什么很多人减肥容易失败？因为虽然有动力，但是过程不快乐。如果有一个人进行减肥运动的时候，可以天天和心仪的对象在一起,你看他会不会长久?肯定持续又有效。

在日常的学习模式中,我们常过度强调记忆与背诵。我并不是说记忆与背诵不重要,背诵是学习之本,这无可替代。但是从英语学习来说,我们的教育系统和模式却把它拆解成一个过于细腻复杂的学科。在我从小的印象中,去上英文课的时候都是不快乐的,只在课堂上做该做的事,所以英文一直是平平的状态;直到出去念书后,才真正地掌握这门语言。所以,如果想让小朋友对英文有兴趣,我们该做的,应该更像是点燃一把火,而不是注满一桶水!

一桶水装满,就再也装不下去了,因为早就没有了胃口;但是面对体制,他还是必须接受,所以学习变成一件痛苦的事。填鸭、死背、硬记,最后的结果是我们的孩子常常会问自己或大人,我这么痛苦地学习,到底是为了什么?随之而来的,常常是放弃或是逃避。多少有天分的潜在高手,常常就这样活生生地被埋没了。我听过无数遍这样的事:孩子得到高学历之后,把学历证书丢给父母,然后撂下一句话,"学历证书我拿到了,送给你!接下来请让我做我自己想做的事……"人生如此,让人无言!

但如果我们是为孩子点燃一把火,再给予适当的助燃剂,火就会越烧越旺,让他自己"烧"起来,在快乐自然的环境中使用英文。至于复杂的文法和后续细腻的文字,等长大成熟的过程中再慢慢加强都不嫌晚，关键是要接受英文、喜欢英文，至少不排斥英文。

老大一直是很喜欢动脑的小孩，我们找到了一个学习英语的环境，教室本身就是一家桌游店，所以与其讲是来学英文，倒不如说是让他来玩桌游，只是规定大家都必须要用英文沟通。

我非常认同这样的理念，就好像多数工作者对上班这件事常带点负面情绪，所以才有 Blue Monday（烦闷的星期一）、TGIF（感谢老天，到星期五了！）这种话的出现。但如果我们上班就像玩游戏打电动一样，那岂不是能大幅提升每个人的上班动力！

到目前为止，效果还不错，老大小齐对去上英文课这件事是喜欢的、不排斥的，因为老师和他的互动是自然的，是让小朋友做他喜欢的事情，在快乐的环境中学习成长。身为父母，我现在能给他的，也只能这样，以英文来说，未来的造化，真的就是师父领进门，修行在个人啦。

PS

其实这些理论说起来简单，但做起来不容易，很多学习的过程，也需要辛苦和强迫！每一次的成长，其实也是让自己离开原来的舒适圈。对未来成长的追求，其实就是在快乐学习及自我强迫中，找到一个平衡点！

图书在版编目（CIP）数据

让别人赢 / 黄冠华著. —广州：广东人民出版社，2024.1

ISBN 978-7-218-16984-2

Ⅰ.①让… Ⅱ.①黄… Ⅲ.①成功心理—通俗读物 Ⅳ.①B848.4-49

中国国家版本馆CIP数据核字（2023）第188009号

广东省著作权合同登记图字：19-2023-314号

版权所有©黄冠华
本书版权经由商业周刊授权
北京紫图图书有限公司简体中文版权
委任英商安德鲁纳伯格联合国际有限公司代理授权
非经书面同意，不得以任何形式任意重制、转载。

让 别 人 赢
RANG BIEREN YING

黄冠华　著

版权所有　翻印必究

出　版　人：肖风华

责任编辑：钱飞遥
产品经理：周　秦
责任技编：吴彦斌　周星奎
监　　制：黄利　万夏
特约编辑：严奇闰
营销支持：曹莉丽
装帧设计：紫图装帧

出版发行：广东人民出版社
地　　址：广东省广州市越秀区大沙头四马路10号（邮政编码：510199）
电　　话：（020）85716809（总编室）
传　　真：（020）83289585
网　　址：http://www.gdpph.com
印　　刷：艺堂印刷（天津）有限公司
开　　本：880mm×1230mm　1/32
印　　张：6.75　**字　　数**：118千
版　　次：2024年1月第1版
印　　次：2024年1月第1次印刷
定　　价：55.00元

如发现印装质量问题，影响阅读，请与出版社（020-85716849）联系调换。
售书热线：（020）87716172